高职高专通信技术专业系列教材

# 通信工程制图(AutoCAD)

## （第 二 版）

主　编　李转运　周永刚

副主编　徐启明　林　昕　唐桂林

参　编　王　飞　王国庆　唐　敏　金京犬

　　　　黄　煌　孙翠敏　孙　茜　俞　弦

西安电子科技大学出版社

# 内 容 简 介

　　本书依据通信类专业高职教育的人才培养目标，注重工程应用培养，充分考虑到高等职业教育的特点与要求，将通信工程制图规范和行业标准与 AutoCAD 软件结合起来，通过培养 AutoCAD 软件的操作技能和通信工程制图的识读与绘制，为以后的学习与工作打好基础。

　　本书是在第一版教材的整体结构基础上精心修订而成的。全书内容主要分为三部分，第一部分为通信工程制图和 AutoCAD 的应用，包括通信工程制图和 AutoCAD 基础、通信工程制图常用图例和图框的绘制，以及典型的通信工程制图即通信线路工程图、通信管道工程图和机房设备安装图的识读、绘制与打印；第二部分为 AutoCAD 技能练习与应用技巧；第三部分为通信工程制图范例。本书的第一部分以项目任务为单位，重点突出高职教育注重动手能力培养的课程设计特点。

　　本书可作为高职高专通信类专业的教材，也可作为通信工程制图相关行业的培训与参考教材，特别适合初学者使用和参考。

**图书在版编目(CIP)数据**

通信工程制图：AutoCAD / 李转运，周永刚主编. —2 版. —西安：
西安电子科技大学出版社，2019.1(2025.1 重印)
ISBN 978-7-5606-5151-4

Ⅰ. ① 通… Ⅱ. ① 李… ② 周… Ⅲ. ① 通信工程—工程制图—AutoCAD 软件
Ⅳ. ① TN91

中国版本图书馆 CIP 数据核字(2018)第 280938 号

策　　划　陆　滨
责任编辑　张　倩
出版发行　西安电子科技大学出版社(西安市太白南路 2 号)
电　　话　(029)88202421　88201467　　　　邮　　编　710071
网　　址　www.xduph.com　　　　　　电子邮箱　xdupfxb001@163.com
经　　销　新华书店
印刷单位　陕西天意印务有限责任公司
版　　次　2019 年 1 月第 2 版　2025 年 1 月第 13 次印刷
开　　本　787 毫米×1092 毫米　1/16　印 张　15.5
字　　数　367 千字
定　　价　40.00 元
ISBN 978－7－5606－5151－4
XDUP 5453002-13
***如有印装问题可调换***

# 前　言

本书自 2015 年出版以来，得到了许多院校师生及培训工作者的认可，同时也收到了改进的意见或建议。本次修订，在第一版教材的整体结构基础上，主要丰富了与课程相关的内容，同时对教材中的图形统一做了修改或调整，较好地保持了教材的实用性。对本教材的主要修改内容如下：

（一）第一部分"通信工程制图和 AutoCAD 的应用"的修订内容如下：

（1）对项目一，调整了图 1.1-1 以及项目实训部分，以便参考或绘制；将任务 1 中的图形符号规定由 YD/T 5015—2007《电信工程制图与图形符号规定》更新为 YD/T 5015—2015《通信工程制图与图形符号规定》。

（2）对项目三，修改了项目实训中的图形。

（3）对项目四，修改了部分有误图形，并调整了任务及项目实训内容。

（二）AutoCAD 技能练习与应用技巧中，调整了部分练习题，并增加了绘图步骤与内容提示。

（三）通信工程制图范例中，对于比较复杂的工程图形，进行了分解。

（四）附录部分修订如下：

（1）增加了通信工程制图员相关知识与岗位介绍。

（2）更新了通信行业标准规范一览表。

（3）更新了通信工程制图常用符号。

另外，本教材作为安徽省质量工程大规模在线开放课程（MOOC）示范项目《通信工程制图(AutoCAD)》(项目编号：2017mooc186)的一项成果，与之相配套的视频、课件、素材等资源也将相继完成，可以更好地服务于教学或培训，也为自学提供了良好的学习条件。

本书第二版的修订工作由李转运完成。周永刚、徐启明、林昕、唐桂林、王飞、王国庆、唐敏、金京犬、黄煌、孙翠敏、孙茜、俞弦等参与了改编工作，西安电子科技大学出版社的陆滨和大连理工大学出版社的赵学燕也对本书的修改提出了十分宝贵的意见，在此一并向他们表示感谢。

由于作者水平和经验有限，书中难免有不妥之处，恳请广大读者批评指正。关于本教材的课件资源，读者可以通过电子邮箱 452061513@qq.com 直接与编者联系。

编　者

2018 年 6 月

# 第一版前言

通信技术和通信产业是 20 世纪 80 年代以来发展最快的领域之一。现代通信一般是指电信，国际上称为远程通信。现代通信的基本特征是数字化，现代通信中传输和交换的基本上都是数字化的信息。现代通信作为信息产业核心技术，迅速进入了多媒体、电子商务、光纤通信、卫星电视广播等通信领域，为社会和经济发展提供了保障，同时对通信工程规划、设计、施工、维护和管理的从业人员提出了更高的要求。在通信工程建设过程中，通信工程制图是其中重要的一步，它里面包含了诸如路由信息、设备配置安放情况、技术数据、主要说明等内容，只有绘制出准确的通信工程图纸，才能对通信工程施工具有正确的指导性意义。

本书根据国家最新的通信行业标准以及初学者的认知规律，以项目任务为单位组织教学和训练，由浅入深，由简到繁，将通信行业绘图的要求与规范和 AutoCAD 绘图软件的应用结合起来，让读者在技能训练中加深对专业知识、专业技能的理解和应用。同时本书又选取了大量 CAD 图形和通信行业的图纸，供读者进一步强化 AutoCAD 的操作技能和绘制通信工程图的能力。

全书共包括三部分。第一部分主要介绍通信工程制图的基础和 AutoCAD 软件的使用，共有四个项目。项目一主要介绍通信行业标准和要求，以及 AutoCAD 软件的基本操作；项目二主要介绍 AutoCAD 绘制各种对象的方法，并同时完成通信工程图常用图例的绘制；项目三主要介绍如何使用 AutoCAD 软件设置通信工程图的环境，并完成工程图框的绘制，以及 AutoCAD 软件修改图形的方法；项目四选取了典型的通信工程制图实例，具体介绍了绘制工程图的流程和方法。第二部分为了让读者更好地掌握 AutoCAD 绘图软件，积累绘图技巧，提供了大量的练习，并从基本的命令入手，由简到繁、由浅入深，在学习过程中培养读者的绘图兴趣。第三部分提供了较为复杂的通信工程实例图纸，供读者练习，以更好地掌握绘制通信工程图的方法，并积累绘图技巧。

本书由李转运、李敬仕任主编，徐启明、林昕和谭雪琴任副主编，由李转运统筹全稿。其中项目二的任务 2 由唐桂林编写，项目三的任务 1 由王国庆编写、任务 2 由唐敏编写，项目四由林昕、徐启明和金京犬编写，其余项目由李转运、李敬仕、谭雪琴编写。其他参与编写的人员还有王飞、黄煌和林森。在本书的编写过程中，周永刚、许漫、孙跃、赵学燕给予了大力支持，提出了宝贵的意见和建议，在此深表谢意。

由于作者的水平和经验有限，书中难免有疏漏和不妥之处，恳请广大读者批评指正。读者可以通过电子邮箱 452061513@qq.com 直接与编者联系。

编　者

2015 年 4 月

# 目　　录

# 第一部分
# 通信工程制图和 AutoCAD 的应用

## 项目一　通信工程制图和 AutoCAD 基础

### 项目要求 ✍

　　在通信工程图纸的绘制中，计算机辅助设计(CAD)有着手工绘图不可比拟的优势。目前，通信工程设计施工单位经常把美国 Autodesk 公司的 AutoCAD 产品与通信线路工程或通信设备工程等具体行业内容相结合，在其内部嵌入与相关行业具体设计内容相关的功能库，使绘制通信工程图纸的速度和效率得到了极大的提高。本项目主要让读者对通信工程制图有比较全面的了解，同时熟悉 AutoCAD 软件的基本操作，具体要求如下：

- 了解通信工程制图的作用，掌握通信工程制图的基本概念；
- 熟悉工程制图的总体要求和相关标准；
- 能运用所学通信工程制图的基础知识，进行实际工程项目图纸的识读；
- 熟悉 AutoCAD 绘图软件的基本操作，并能绘制简单图形。

## 任务 1　通信工程图的识读

### 一、任务目标

　　(1) 掌握通信工程图纸的制图规范。
　　(2) 能运用所了解的通信工程制图的基础知识，并结合实际项目案例完成通信工程图纸的识读。

### 二、任务描述

　　在了解通信工程制图的统一标准与规定以及通信工程制图的总体要求后，完成如图 1.1-1 所示的某小区电缆接入主干电缆图的识读。

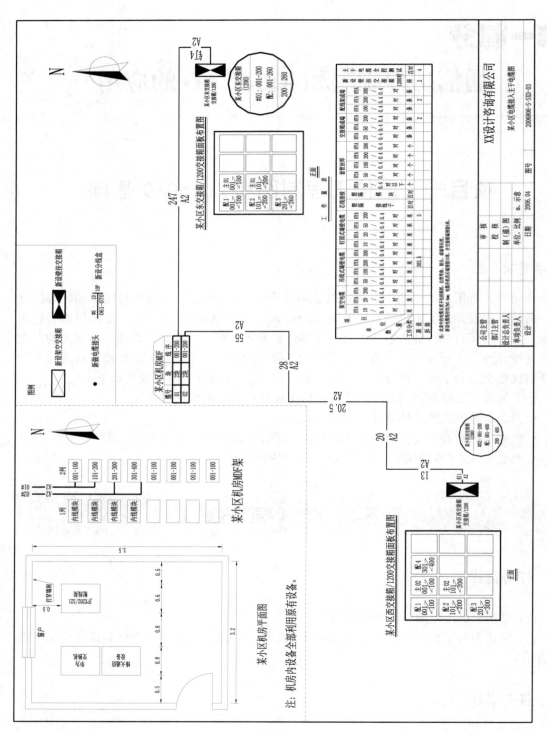

图 1.1-1　某小区电缆接入主干电缆图

## 三、任务解析

根据目前最新的中国通信行业标准文件 YD/T 5015—2015《通信工程制图与图形符号规定》，可以了解通信工程制图行业的要求与规范，而要完成识读通信工程图纸的任务，首先需要了解什么是通信工程制图及通信工程图纸，以及通信工程图纸有哪些组成部分。

## 四、相关知识

通信工程图纸是在对施工现场仔细勘察和认真搜索资料的基础上，通过图形符号、文字符号、文字说明及标注来表达具体工程性质的一种图纸。它是通信工程设计的重要组成部分，是指导施工的主要依据。通信工程图纸里面包含了诸如路由信息、设备配置安放情况、技术数据、主要说明等内容。

通信工程制图就是将图形符号、文字符号按不同专业的要求画在一个平面上，使工程施工技术人员通过阅读图纸就能够了解工程规模、工程内容，统计出工程量及编制工程概预算。只有绘制出准确的通信工程图纸，才能对通信工程施工具有正确的指导性意义。因此，通信工程技术人员必须要掌握通信工程制图的方法。

通信工程图纸应做到规格统一，画法一致，图面清晰，符合施工、存档和生产维护要求，这样才有利于提高设计效率、保证设计质量和适应通信工程建设的需要；要求符合国家权威部门颁布的通信工程制图标准，通信行业的标准和规范，以及可行性(详见附录)。2015 年，中国信息产业部修订并颁布了 YD/T 5015—2015《通信工程制图与图形符号规定》，该标准由通信工程制图的统一规定和图形符号两部分组成。通信工程制图的统一规定中未明确的问题，应按国家标准的要求执行；未规定的图形符号，可使用国家标准中有关的符号，或按国家标准的规定进行派生。

### 1. 通信工程制图的总体要求

通信工程制图的总体要求如下：

(1) 根据表述对象的性质、论述的目的与内容，选取适宜的图纸及表达手段，以便完整地表述主题内容。当几种手段均可达到目的时，应采用简单的方式。例如：描述系统时，框图和电路图均能表达，应选择框图；当单线表示法和多线表示法同时能明确表达时，宜使用单线表示法；当多种画法均可达到表达的目的时，图纸宜简不宜繁。

(2) 图面应布局合理，排列均匀，轮廓清晰，便于识别。

(3) 应选取合适的图线宽度，避免图中的线条过粗或过细。标准通信工程制图中的图形符号的线条除有意加粗者外，一般都是粗细统一的，一张图上要尽量统一。但是，不同大小的图纸(例如 A1 和 A4 图纸)可有不同。为了视图方便，大图的线条可以相对粗些。

(4) 正确使用国家标准和行业标准规定的图形符号。派生新的符号时，应符合国家标准图形符号的派生规律，并应在适合的地方加以说明。

(5) 在保证图面布局紧凑和使用方便的前提下，应选择适合的图纸幅面，使原图大小适中。

(6) 应准确地按规定标注各种必要的技术数据和注释，并按规定进行书写和打印。

(7) 工程设计图纸应按规定设置图框,并按规定的责任范围签字。各种图纸应按规定顺序编号。

(8) 总平面图、机房平面布置图、移动通信基站天线位置及馈线走向图应设置指北针。

(9) 对于线路工程,设计图纸应按照从左往右的顺序制图,并设指北针;线路图纸分段按"起点至终点,分歧点至终点"原则划分。

**2．通信工程制图的统一规定**

1) 图幅尺寸

工程图纸幅面和图框大小应符合国家标准 GB/T 6988.1—1997《电气技术用文件的编制 第 1 部分:一般要求》的规定,应采用 A0、A1、A2、A3、A4 及 A3 加长、A4 加长的图纸幅面。

当上述幅面不能满足要求时,可按照 GB/T 14689—2008《技术制图图纸幅面和格式》的规定加大幅面,也可在不影响整体视图效果的情况下将幅值分割成若干张图绘制。

根据表述对象的规模大小、复杂程度、所要表达的详细程度、有无图框及注释的数量来选择较小的合适幅面。图纸优选幅面如表 1.1-1 所示。

表 1.1-1　图纸优选幅面

| 代号 | 尺寸/(mm × mm) |
| --- | --- |
| A0 | 841 × 1189 |
| A1 | 594 × 841 |
| A2 | 420 × 595 |
| A3 | 297 × 420 |
| A4 | 210 × 297 |

当需要较长图纸时,应采用表 1.1-2 所规定的幅面。

表 1.1-2　较长图纸幅面

| 代号 | 尺寸/(mm × mm) |
| --- | --- |
| A3 × 3 | 420 × 891 |
| A3 × 4 | 420 × 1189 |
| A4 × 3 | 297 × 630 |
| A4 × 4 | 297 × 841 |
| A4 × 5 | 297 × 1051 |

按照 GB/T 4457.1—1984《机械制图 图纸幅面及格式》的规定,对于 A0、A2、A4 幅面的加长量应按 A0 幅面长边的 1/8 的倍数增加;对于 A1、A3 幅面的加长量应按 A0 幅面短边的 1/4 的倍数增加;A0 及 A1 幅面允许两边同时加长。

2) 图线型式及应用

(1) 线型分类及用途应符合表 1.1-3 的规定。

表 1.1-3　线型分类及用途

| 图线名称 | 图线型式 | 一　般　用　途 |
|---|---|---|
| 实线 | —————————— | 基本线条：图纸主要内容用线，可见轮廓线 |
| 虚线 | — — — — — — — | 辅助线条：屏蔽线，机械连接线、不可见轮廓线、计划扩展内容用线 |
| 点画线 | —·—·—·—·— | 图框线：表示分界线、结构图框线、功能图框线、分级图框线 |
| 双点画线 | —··—··—··—·· | 辅助图框线：表示更多的功能组合或从某种图框中区分不属于它的功能部件 |

(2) 图线宽度应从以下系列中选用：

0.25 mm，0.35 mm，0.5 mm，0.7 mm，1.0 mm，1.4 mm

(3) 通常宜选用两种宽度的图线。粗线的宽度宜为细线宽度的 2 倍，主要图线采用粗线，次要图线采用细线。对复杂的图纸也可采用细、中、粗三种线宽，线的宽度按 2 的倍数依次递增，但线宽种类不宜过多。

(4) 使用图线绘图时，应使图形的比例和配线协调恰当，重点突出，主次分明。在同一张图纸上，按不同比例绘制的图样及同类图形的图线粗细应保持一致。

(5) 应使用细实线作为最常用的线条。在以细实线为主的图纸上，粗实线应主要用于图纸的图框及需要突出的部分。指引线、尺寸标注线应使用细实线。

(6) 当需要区分新安装的设备时，宜用粗线表示新建，细线表示原有设施，虚线表示规划预留部分。

(7) 平行线之间的最小间距不宜小于粗线宽度的 2 倍，且不得小于 0.7 mm。

3) 比例

(1) 对于平面布置图、管道图、光(电)缆线路图、设备加固图及零件加工图等图纸，应按比例绘制；对于方案示意图、系统图、原理图等可不按比例绘制，但应按工作顺序、线路走向、信息流向排列。

(2) 对于平面布置图、线路图和区域规划性质的图纸，宜采用以下比例：

1∶10，1∶20，1∶50，1∶100，1∶200，1∶500，1∶1000，1∶2000，1∶5000，1∶10000，1∶50000，…

(3) 对于设备加固图及零件加工图等图纸宜采用的比例为 1∶2，1∶4，1∶10 等。

(4) 应根据图纸表达的内容深度和选用的图幅，选择合适的比例。

对于通信线路及管道类的图纸，为了更方便地表达周围环境情况，可采用沿线路方向按一种比例，而周围环境的横向距离采用另外的比例的方式，或示意性绘制。

4) 尺寸标注

(1) 一个完整的尺寸标注应由尺寸数字、尺寸界线、尺寸线及其终端等组成。

(2) 图中的尺寸数字，应注写在尺寸线的上方或左侧，也可注写在尺寸线的中断处，但同一张图样上注法应一致。具体标注应符合以下要求：

① 尺寸数字应顺着尺寸线方向写并符合视图方向，数字高度方向和尺寸线垂直，并不

得被任何图线通过。当无法避免时，应将图线断开，在断开处填写数字。在不致引起误解时，对非水平方向的尺寸，其数字可水平地注写在尺寸线的中断处。角度数字应注写成水平方向，且应注写在尺寸线的中断处。

② 尺寸数字的单位除标高、总平面图和管线长度应以米(m)为单位外，其他尺寸均应以毫米(mm)为单位。按此原则标注尺寸可不加单位的文字符号。若采用其他单位，则应在尺寸数字后加注计量单位的文字符号。

(3) 尺寸界线应用细实线绘制，且宜由图形的轮廓线、轴线或对称中心线引出，也可利用轮廓线、轴线或对称中心线作尺寸界线。尺寸界线应与尺寸线垂直。

(4) 尺寸线的终端，可采用箭头或斜线两种形式，但同一张图中只能采用一种尺寸线终端形式，不得混用。具体标注应符合以下要求：

① 采用箭头形式时，两端应画出尺寸箭头，并指到尺寸界线上，表示尺寸的起止。尺寸箭头宜用实心箭头，箭头的大小应按可见轮廓线选定，且其大小在图中应保持一致。

② 采用斜线形式时，尺寸线与尺寸界线必须相互垂直。斜线应用细实线，且方向及大小在图中应保持一致。斜线方向应以尺寸线为准，再逆时针方向旋转45°，斜线大小约等于尺寸数字的高度。

(5) 有关建筑的尺寸标注，可按 GB/T 50104—2010《建筑制图标准》的要求执行。

5) **字体及写法**

(1) 图中书写的文字(包括汉字、字母、数字、代号等)均应字体工整、笔画清晰、排列整齐、间隔均匀。其书写位置应根据图面妥善安排，文字多时宜放在图的下面或右侧。

文字书写应自左向右水平方向书写，标点符号占一个汉字的位置。中文书写时，应采用国家正式颁布的汉字，字体宜采用宋体或仿宋体。

(2) 图中的"技术要求"、"说明"或"注"等字样，应写在具体文字的左上方，并使用比文字内容大一号的字体书写。具体内容多于一项时，应按下列顺序号排列：

1、2、3······

(1)、(2)、(3)······

①、②、③······

(3) 图中所涉及数量的数字，均应用阿拉伯数字表示。计量单位应使用国家颁布的法定计量单位。

6) **图衔**

(1) 通信工程图纸应有图衔，图衔的位置应在图面的右下角。

(2) 通信工程常用标准图衔为长方形，大小宜为 30 mm × 180 mm(高 × 长)。图衔应至少包括图名、图号、单位名称、总负责人、单项负责人、设计人、审校核人、制图日期等内容。

(3) 设计及施工图纸编号的编排应尽量简洁，设计阶段的组成应按以下规则执行：

$$\boxed{工程项目编号}—\boxed{设计阶段代号}—\boxed{专业代号}—\boxed{图纸编号}$$

同计划号、同设计阶段、同专业而多册出版时，为避免编号重复可按以下规则执行：

工程项目编号 (A)—设计阶段代号—专业代号 (B)—图纸编号

其中，A、B 为字母或数字，用以区分不同册编号。工程项目编号应由工程建设方或设计单位根据工程建设方的任务委托，统一规定。

设计阶段代号应符合表 1.1-4 的规定。

表 1.1-4　设计阶段代号表

| 项目阶段 | 代号 | 工程阶段 | 代号 | 工程阶段 | 代号 |
|---|---|---|---|---|---|
| 可行性研究 | K | 初步设计(初设) | C | 技术设计 | J |
| 规划设计 | G | 方案设计 | F | 设计投标书 | T |
| 勘察报告 | KC | 初设阶段的技术规范书 | CJ | 修改设计 | 在原代号后加 X |
| 咨询 | ZX | 施工图设计(施设) | S | | |
| | | 一阶段设计 | Y | | |
| | | 竣工图 | JG | | |

常用专业代号应符合表 1.1-5 的规定。

表 1.1-5　常用专业代号表

| 名　称 | 代　号 | 名　称 | 代　号 |
|---|---|---|---|
| 光缆线路 | GL | 电缆线路 | DL |
| 海底光缆 | HL | 通信管道 | GD |
| 传输系统 | GS | 移动通信 | YD |
| 无线接入 | WJ | 核心网 | HX |
| 数据通信 | SJ | 业务支撑系统 | YZ |
| 网管系统 | WG | 微波通信 | WB |
| 卫星通信 | WD | 铁塔 | TT |
| 同步网 | TB | 监控 | JK |
| 有线接入 | YJ | 业务网 | YW |

注：① 用于大型工程中分省、分业务区编制时的区分标识，可采用数字 1、2、3 或拼音字母的字头等。

② 用于区分同一单项工程中不同的设计分册(如不同的站册)，宜采用数字(分册号)、站名拼音字头或相应汉字表示。

图纸编号：工程计划号、设计阶段代号、专业代号相同的图纸间的区分号，采用阿拉伯数字简单顺序编制(同一图号的系列图纸用括号内加分数表示)。

7) 注释、标志和技术数据

(1) 当含义不便于用图示方法表达时，可采用注释。当图中出现多个注释或大段说明性注释时，应把注释按顺序放在边框附近。注释可放在需要说明的对象附近；当注释不在需要说明的对象附近时，应使用指引线(细实线)指向说明对象。

(2) 标志和技术数据应该放在图形符号的旁边。当数据很少时，技术数据可放在图形符号的方框内(如继电器的电阻值)；当数据多时，可采用分式表示，也可用表格形式列出。

当使用分式表示时，可采用以下模式：

$$N\frac{A-B}{C-D}F$$

式中：N 为设备编号，应靠前或靠上放；A、B、C、D 为不同的标注内容，可增减；F 为敷设方式，应靠后放。

当设计中需表示本工程前后有变化时，可采用斜杠方式：(原有数)/(设计数)；当设计中需表示本工程前后有增加时，可采用加号方式：(原有数) + (增加数)。

常用标注方式如表 1.1-6 所示。图中的文字代号应以工程中的实际数据代替。

**表 1.1-6　常用标注方式**

| 序号 | 标注方式 | 说　　明 |
|---|---|---|
| 01 | 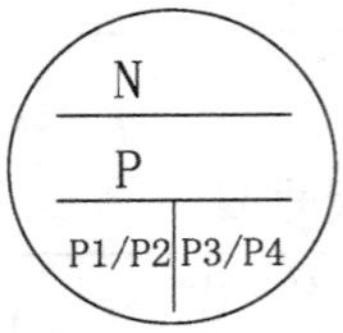 ⊙ N / P / P1/P2 P3/P4 | 对直接配线区的标注方式。<br>注：图中的文字符号应以工程数据代替(下同)。<br>其中：<br>N—主干电缆编号，例如：0101 表示 01 电缆上第一个直接配线区；<br>P—主干电缆容量(初设为对数；施设为线序)；<br>P1—现有局号用户数；<br>P2—现有专线用户数，当有不需要局号的专线用户时，再用+(对数)表示；<br>P3—设计局号用户数；<br>P4—设计专线用户数 |
| 02 | 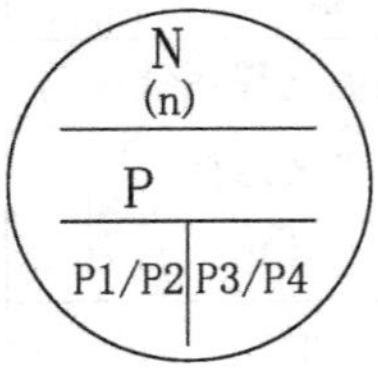 ⊙ N (n) / P / P1/P2 P3/P4 | 对交接配线区的标注方式。<br>注：图中的文字符号应以工程数据代替(下同)。<br>其中：<br>N—交接配线区编号，例如：J22001 表示 22 局第一个交接配线区；<br>n—交接箱容量，如：2400(对)；<br>P、P1、P2、P3、P4—含义同 01 注 |
| 03 | 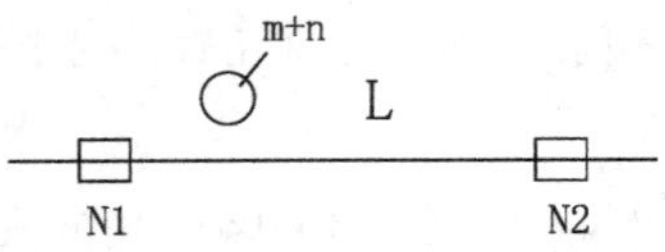 m+n　L　N1　N2 | 对管道扩容的标注。<br>其中：<br>m—原有管孔数，可附加管孔材料符号；<br>n—新增管孔数，可附加管孔材料符号；<br>L—管道长度；<br>N1、N2—人孔编号 |
| 04 | 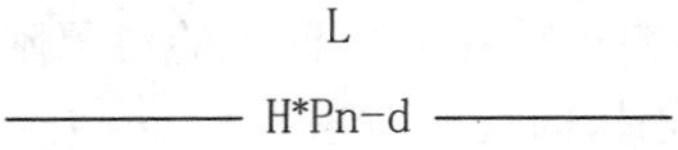 L —— H*Pn-d | 对市话电缆的标注。<br>其中：<br>L—电缆长度；<br>H*—电缆型号；<br>Pn—电缆百对数；<br>d—电缆芯线线径 |

续表

| 序号 | 标注方式 | 说　明 |
|---|---|---|
| 05 | 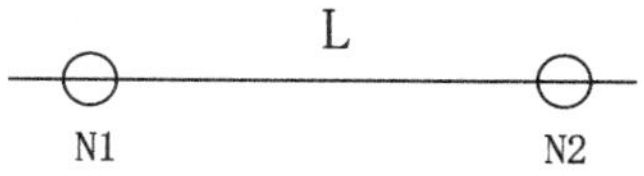 L<br>○————————○<br>N1　　　　　N2 | 对架空杆路的标注。<br>其中：<br>L—杆路长度；<br>N1、N2—起止电杆编号(可加注杆材类别的代号) |
| 06 | 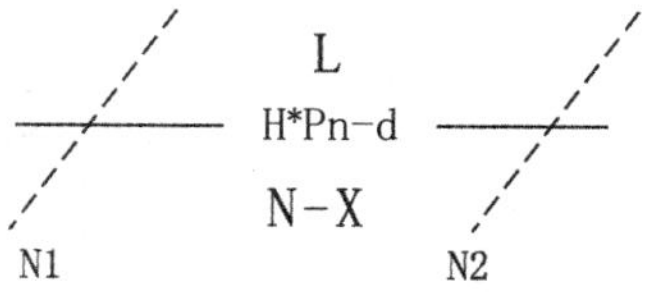 L<br>H\*Pn-d<br>N-X<br>N1　　　　N2 | 对管道电缆的简化标注。<br>其中：<br>L—电缆长度；<br>H\*—电缆型号；<br>Pn—电缆百对数；<br>d—电缆芯线线径；<br>X—线序；<br>斜向虚线—人孔的简化画法；<br>N1 和 N2—表示起止人孔号；<br>N—主杆电缆编号 |
| 07 | 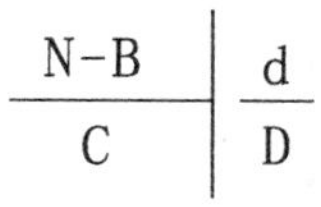 $\dfrac{N-B}{C}$ │ $\dfrac{d}{D}$ | 分线盒标注方式。<br>其中：<br>N—编号；<br>B—容量；<br>C—线序；<br>d—现有用户数；<br>D—设计用户数 |
| 08 | 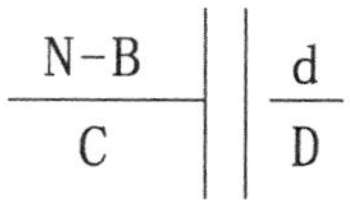 $\dfrac{N-B}{C}$ ‖ $\dfrac{d}{D}$ | 分线箱标注方式。<br>注：字母含义同 07 |
| 09 | 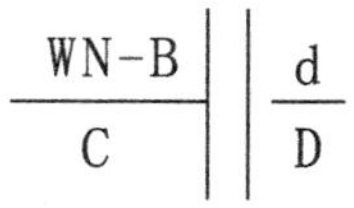 $\dfrac{WN-B}{C}$ ‖ $\dfrac{d}{D}$ | 壁龛式分线箱标注方式。<br>注：W—壁龛式，其余字母含义同 07 |

(3) 在通信工程设计中，由于文件名称和图纸编号多已明确，在项目代号和文字标注方面可适当简化，故推荐如下：

① 平面布置图中可主要使用位置代号或用顺序号加表格说明。

② 系统方框图中可使用图形符号或用方框加文字符号来表示，必要时也可二者兼用。

③ 接线图应符合 GB/T 6988.1—2008《电气技术用文件的编制 第 1 部分：规则》的规定。

(4) 对安装方式的标注应符合表 1.1-7 的规定。

**表 1.1-7　安装方式标注表**

| 序号 | 代号 | 安装方式 | 英文说明 |
|---|---|---|---|
| 1 | W | 壁龛式 | Wall mounted type |
| 2 | C | 吸顶式 | Ceiling mounted type |
| 3 | R | 嵌入式 | Recessed type |
| 4 | DS | 管吊式 | conDuit Suspension type |

(5) 敷设部位的标注应符合表 1.1-8 的规定。

**表 1.1-8　敷设部位标注表**

| 序号 | 代号 | 安装方式 | 英文说明 |
|---|---|---|---|
| 1 | M | 钢索敷设 | supported by Messenger wire |
| 2 | AB | 沿梁或跨梁敷设 | Along or across Beam |
| 3 | AC | 沿柱或跨柱敷设 | Along or across Column |
| 4 | WS | 沿墙面敷设 | on Wall Surface |
| 5 | CE | 沿天棚面或顶板面敷设 | along CEiling or slab |
| 6 | SC | 吊顶内敷设 | in hollow Spaces of Ceiling |
| 7 | BC | 暗敷设在梁内 | Concealed in Beam |
| 8 | CLC | 暗敷设在柱内 | Concealed in Column |
| 9 | BW | 墙内埋设 | Burial in Wall |
| 10 | F | 地板或地板下敷设 | in Floor |
| 11 | CC | 暗敷设在屋面或顶板内 | Concealed in Ceiling or slab |

**3. 图形符号的使用**

**1) 图形符号的使用规则**

通信工程图中的图形符号，应符合 YD/T 5015—2015《通信工程制图与图形符号规定》行业标准，具体的使用规则如下：

(1) 若标准中对同一项目给出几种形式，选用时应遵守以下规则：

① 优先使用"优选形式"；

② 在满足需要的前提下，宜选用最简单的形式(例如"一般符号")；

③ 在同一种图纸上应使用同一种形式。

(2) 对同一项目宜采用同样大小的图形符号。特殊情况下，为了强调某方面或便于补充信息，可使用不同大小的符号和不同粗细的线条。

(3) 绝大多数图形符号的取向是任意的，为了避免导线的弯折或交叉，在不引起错误理解的前提下，可将符号旋转或取镜像形态，但文字和指示方向不得倒置。

(4) 图形符号的引线是作为示例绘制的，在不改变符号含义的前提下，引线可取不同的方向。

(5) 为了保持图面符号的布置均匀，围框线可不规则绘制，但是围框线不应与元器件相交。

2) 图形符号的派生

(1) 标准中只是给出了图形符号有限的示例，如果对于某些特定的设备或项目未作规定，则允许根据已规定的符号组图规律进行派生。

(2) 派生图形符号，是利用原有符号加工形成的新图形符号，应遵守以下规律：

① (符号要素) + (限定符号) → (设备的一般符号)；

② (一般符号) + (限定符号) → (特定设备的符号)；

③ 利用 2～3 个简单符号 → (特定设备的符号)；

④ 一般符号缩小后可作限定符号使用。

(3) 对急需的个别符号(如派生困难等原因，造成一时找不出合适的符号)，可暂时使用方框中加注文字符号的方式。

### 4. 常用通信工程制图的图例

参考目前最新的中国通信行业标准文件 YD/T 5015—2015《通信工程制图与图形符号规定》，常用的通信工程图例以及新增加的图例见附录 C。从附录 C 中可以看出常用通信工程制图的图例数目比较多，主要包括通信光缆、通信线路、传输设备、移动通信、交换系统、无线通信站型、无线传输、线路设施与分线设备、通信杆路、通信管道、通信电源、机房建筑与设施、地形图常用符号等图例。随着技术的发展、产品的更新和进步，工程制图中所给出的范例并不能囊括所有的工程图例。这就需要工程设计人员依据公司的有关标准绘制出新的工程图例，并在设计图纸中对其以图例形式加以标明。

### 5. 通信工程图纸的识读方法

通信工程图纸主要包括图形符号、文字符号、文字说明以及标注等。为了能够读懂图纸所表达的信息，就要先了解和掌握图纸中的各种图形符号、文字符号等所代表的含义。分析通信工程图纸，获取工程相关信息的过程称为通信工程图纸的识读。

识读通信工程图纸的准备工作主要是收集与工程相关的材料，了解工程项目的背景和施工过程，并且熟悉该类工程的常用图例。对通信工程图一般从以下几个方面进行读图和分析：

(1) 指北针图标：通信管道施工图、通信线路施工图以及机房线路路由图等图纸中必不可少的要素，可以帮助施工人员辨明方向，正确快速地找到施工位置；

(2) 工程图例：为准确识读此工程图纸奠定基础；

(3) 技术说明、主要工程量列表：为通信工程图概预算提供有效信息，同时也能帮助施工技术人员领会设计意图，从而提高施工效率；

(4) 图纸中主要参照物：方便工程施工；

(5) 图纸中线路敷设路由、距离数据标注以及特殊场景的相关说明等：为施工人员提供更清晰详细的信息，从而提高施工效率。

除了以上通信工程图纸的元素外，针对某个工程项目，一般会具体对图纸中字体、线型等方面进行详细的说明，图 1.1-2 所示为某地本地网建设工程中的机房平面图。

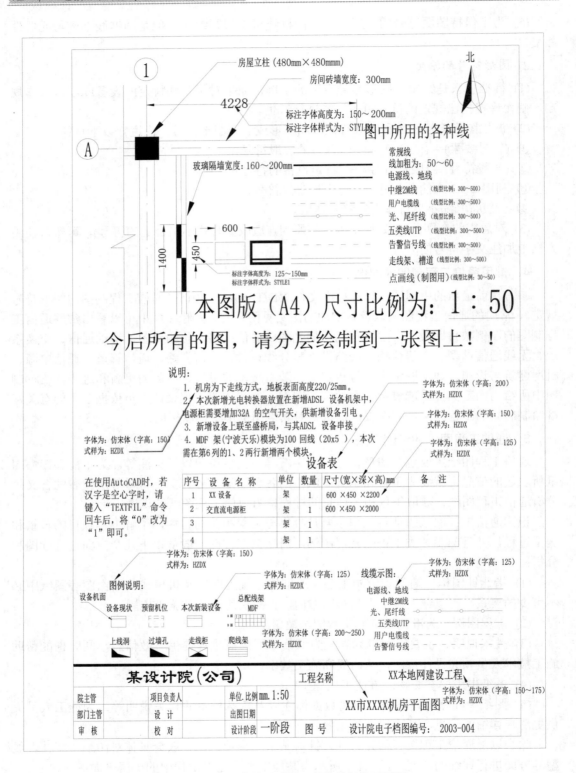

图 1.1-2  某地本地网建设工程中的机房平面图

根据通信工程图纸所包含的主要组成部分，完成通信工程图纸的识读。识读时，一般采用先全貌后局部的读图顺序，其中图例与路由图、标注、文字说明、主要工程量表相结合，以施工起点为读图方向，按路径穿越分类读图的方法保持读图的完整性。

## 五、任务实施

采用合适的工程读图方法，完成如图 1.1-1 所示的某小区电缆接入路由及配线工程图的识读。

首先，从总体上查看图纸各要素是否齐全。该工程图除图框中某些信息空白外，其他要素基本齐全。工程图纸中包含的指北针图标、工程图例、文字说明、工作量表、图纸线路敷设路由以及小区平面图等要素，有助于读者更好识读图纸。

其次，细读图纸。在图中配有某小区机房平面图和机房 MDF 架，从此处架设光缆分别到某小区的西区和东区。在某小区西区和东区分别设有新设壁挂交接箱，使用钉固式墙壁电缆接入，并配有交接箱面板布置图以及型号。其中，新设壁挂交接箱共 2 座，配线架成端 HYA100 共 2 条，交接箱成端 HYA200 共 2 条，钉固式墙壁电缆 HYA200 共 5 m，吊线式墙壁电缆 HYA200 新设 383.5 m，不包括损耗、自然弯曲、接头等长度。新设电缆线径均为 0.4 m，电缆在机房后端预留 10 m，在交接箱端预留 5 m。至此，将该工程图纸的内容进行了解读，能够指导工程施工。

## 六、任务小结

本任务主要讲解了通信工程制图行业的要求与规范，识读通信工程图纸的一般顺序和方法。关于通信工程图纸的识读，可以采用"分而治之"的方法，判断图纸中每个部分是否都符合行业标准的有关规定，是否会引起施工歧义，能否有效指导工程施工等。

## 七、拓展提高

熟悉图形符号规定，详见 YD/T 5015—2015《通信工程制图与图形符号规定》，并完成通信管道工程图、架空线路施工图的识读。

# 任务 2  绘图软件 AutoCAD 的认知

## 一、任务目标

(1) 熟悉 AutoCAD 绘图软件的图形界面、菜单选项、工具按钮以及基本命令等操作方法。

(2) 掌握图形文件的创建、打开、保存的方法。

(3) 掌握坐标输入方法,主要包括绝对直角坐标、相对直角坐标、极坐标以及相对极坐标等。

## 二、任务描述

使用直线(LINE)命令绘制"通信工程制图"字样,并保存。

## 三、任务解析

要完成绘制的图形,需要熟悉 AutoCAD 绘图软件的操作界面,并学会如何设置绘图环境以及命令的输入、终止、撤销、重做等操作方法。

## 四、相关知识

### 1. AutoCAD 软件概述

AutoCAD(Auto Computer Aided Design)软件是美国欧特克(Autodesk)有限公司首次于 1982 年开发的自动计算机辅助设计软件,可以用于二维绘图、详细绘制、设计文档和基本三维设计。现已经成为国际上广为流行的绘图工具。AutoCAD 软件具有良好的用户界面,通过交互菜单或命令行方式便可以进行各种操作。它的多文档设计环境,让非计算机专业人员也能很快地学会使用,并在不断实践的过程中更好地掌握它的各种应用和开发技巧,从而不断提高工作效率。AutoCAD 软件具有广泛的适应性,它可以在各种操作系统支持的微型计算机和工作站上运行。该软件有如下基本特点:

(1) 具有完善的图形绘制功能。

(2) 有强大的图形编辑功能。

(3) 可以采用多种方式进行二次开发或用户定制。

(4) 可以进行多种图形格式的转换,具有较强的数据交换能力。

(5) 支持多种硬件设备。

(6) 支持多种操作平台。

(7) 具有通用性、易用性,适用于各类用户。此外,从 AutoCAD 2000 开始,该系统又增添了许多强大的功能,如 AutoCAD 设计中心(ADC)、多文档设计环境(MDE)、Internet 驱动、新的对象捕捉功能、增强的标注功能以及局部打开和局部加载的功能。

通过 AutoCAD 软件设计人员无需懂得编程,即可自动制图,因此它在全球广泛使用,可以用于土木建筑、装饰装潢、工业制图、工程制图、电子工业、服装加工等多方面领域。另外,Maya、3ds MAX 均是 Autodesk 公司旗下产品。

AutoCAD 软件的发展可分为初级阶段、发展阶段、高级发展阶段、完善阶段和进一步完善阶段五个阶段。

(1) 初级阶段:

AutoCAD 1.0——1982 年 11 月;

AutoCAD 1.2——1983 年 4 月；

AutoCAD 1.3——1983 年 8 月；

AutoCAD 1.4——1983 年 10 月；

AutoCAD 2.0——1984 年 10 月。

(2) 发展阶段：

AutoCAD 2.17 和 2.18——1985 年 5 月；

AutoCAD 2.5——1986 年 6 月；

AutoCAD 9.0 和 9.03——1987 年 9 月。

(3) 高级发展阶段：

AutoCAD 10.0——1988 年 8 月(开始出现图形界面的对话框，CAD 的功能已经比较齐全)；

AutoCAD 11.0——1990 年；

AutoCAD 12.0——1992 年。

(4) 完善阶段：

AutoCAD R13——1996 年 6 月；

AutoCAD R14——1998 年 1 月；

AutoCAD 2000——1999 年 1 月。

(5) 进一步完善阶段：

AutoCAD 2002(R15.6)——2001 年 6 月；

AutoCAD 2004(R16.0)——2003 年 3 月；

AutoCAD 2005(R16.1)——2004 年 3 月；

AutoCAD 2006(R16.2)——2005 年 3 月；

AutoCAD 2007(R17.0)——2006 年 3 月；

AutoCAD 2008(R17.1)——2007 年 3 月；

AutoCAD 2009(R17.2)——2008 年 3 月；

AutoCAD 2010——2009 年 3 月；

AutoCAD 2011——2010 年 4 月；

AutoCAD 2012——2011 年 4 月；

AutoCAD 2013——2012 年 2 月；

AutoCAD 2014——2013 年 3 月；

AutoCAD 2015——2014 年 2 月；

AutoCAD 2016——2015 年 3 月；

AutoCAD 2017——2016 年 3 月；

AutoCAD 2018——2017 年 3 月；

AutoCAD 2019——2018 年 3 月；

……。

AutoCAD 软件将向智能化、多元化方向发展。在不同的行业中，Autodesk 开发了行业专用的版本和插件：

(1) 在机械设计与制造行业中发行了 AutoCAD Mechanical 版本。

(2) 在电子电路设计行业中发行了 AutoCAD Electrical 版本。

(3) 在勘测、土木工程与道路设计中发行了 Autodesk Civil 3D 版本。

(4) 在教学、培训中所用的一般都是 AutoCAD 简体中文 (Simplified Chinese)版本。一般没有特殊要求的服装、机械、电子、建筑行业都是用的 AutoCAD Simplified 版本。所以 AutoCAD Simplified 版本基本上算是通用版本。本书是以 AutoCAD 2010 Simplified 版本(下文称为 AutoCAD 2010)为软件平台来介绍的。

### 2. AutoCAD 2010 的主要功能

AutoCAD 软件的主要功能如下:

(1) 平面绘图:能以多种方式创建直线、圆、椭圆、多边形、样条曲线等基本图形对象。AutoCAD 提供了正交、对象捕捉、极轴追踪、捕捉追踪等绘图辅助工具。使用正交功能可以很方便地绘制水平、竖直直线,对象捕捉功能可帮助拾取几何对象上的特殊点,而追踪功能则能绘制斜线并使得沿不同方向定位点变得更加容易。

(2) 编辑图形:AutoCAD 具有强大的编辑功能,可以移动、复制、旋转、阵列、拉伸、延长、修剪、缩放对象等。

(3) 标注尺寸:可以创建多种类型尺寸,标注外观时可以自行设定。

(4) 书写文字:能轻易在图形的任何位置、沿任何方向书写文字,可设定文字字体、倾斜角度及宽度缩放比例等属性。

(5) 图层管理功能:图形对象都位于某一图层上,可设定图层颜色、线型、线宽等特性。

(6) 三维绘图:可创建 3D 实体及表面模型,能对实体本身进行编辑。

(7) 网络功能:可将图形在网络上发布,或是通过网络访问 AutoCAD 资源。

(8) 数据交换:AutoCAD 软件提供了多种图形图像数据交换格式及相应命令。

(9) 二次开发:AutoCAD 软件允许用户定制菜单和工具栏,并能利用内嵌语言 Autolisp、Visual Lisp、VBA、ADS、ARX 等进行二次开发。

AutoCAD 2010 于 2009 年 3 月 23 日发布,该版本中引入了全新的功能,其中包括自由形式的设计工具、参数化绘图,并加强 PDF 格式的支持。与前期版本比较,其变化(或非变化)如下:

(1) 图标:没有变化。

(2) 图形格式:新版本的图形格式为 AutoCAD 2010,与之前版本不兼容。但还是可以保存为旧版本的格式。

(3) 界面:变化不大,从易用性上说做了增强,如命令搜索就可以直接在菜单中进行。

(4) 三维功能:变化比较大,增加了网格对象,其他的三维对象可以转化为网格对象,而且网格也可以通过直接创建来生成。网格的优点就是形状可自由由用户随心所欲的改变,如圆滑边角、凹陷处理、形状拖变、表面细部分割等。对于 3D 的表现更加细腻。

(5) 参数化绘图:可以做到基本的参数化,如几何约束,可以进行水平、竖直、平行、垂直、相切、圆滑、同点、同线、同心、对称等方式的约束;尺寸约束,标注也可以锁定对象,而且可以通过修改标注尺寸来直接调整所约束的对象。

(6) 动态图块：几何约束和尺寸约束都可以添加到动态图块中去。另外，动态块编辑器中还增强了动态参数管理和块属性表格。此外，在块编辑器中，还可以直接测试块属性的效果而不需要退出块外部。

(7) 图形输出：在工具栏中可直接将图形输出成 DWF 或 PDF 格式文件。

(8) PDF 底图：可以用 PDF 文件作为底图，它的使用与其他格式文件的底图相同。如果 PDF 文件中的几何图形是矢量的，则还可以直接捕捉到几何图形。

(9) 自定义功能：旧版本的仪表板可以转换成工具板；最上面的快速访问工具现在可以进行自定义。另外，工具板也可以进行上下级关联。

(10) 安装的启动设置：软件安装后进入，会出现几个选项要求，如选择图形的单位、对一些工具栏的取舍，还有选取模板。这些选项完成后，以后用户进入时就以这样的选项作为默认值。

(11) 填充图案增强：非关联的填充图案，可对边界进行夹点拖动编辑。边界填充时，如果由于边界问题而失败，则会用红色的圆来标识问题位置。

(12) 视口可以旋转：布局中的视口可以单独做旋转，角度任意。

### 3. AutoCAD 2010 的电脑配置要求

在安装 AutoCAD 2010 之前，请确保计算机满足对硬件和软件的最低需求。安装 AutoCAD 2010 时，会自动检测 Windows 操作系统是 32 位版本还是 64 位版本，无法在 Windows 的 64 位版本上安装 AutoCAD 2010 的 32 位版本。具体软件和需求如表 1.1-9 所示，对三维使用的其他建议如表 1.1-10 所示。

表 1.1-9　软 件 和 需 求

| 硬件/软件 | 需　　求 | 注　解 |
|---|---|---|
| 操作系统 | 32 位：<br>Microsoft® Windows® Vista® Business SP1；<br>Microsoft Windows Vista Enterprise SP1；<br>Microsoft Windows Vista Home Premium SP1；<br>Microsoft Windows Vista Ultimate SP1；<br>Microsoft Windows XP Home SP2 或更高版本；<br>Microsoft Windows XP Professional SP2 或更高版本<br><br>64 位：<br>Microsoft Windows Vista Business SP1；<br>Microsoft Windows Vista Enterprise SP1；<br>Microsoft Windows Vista Home Premium SP1；<br>Microsoft Windows Vista Ultimate SP1；<br>Microsoft Windows XP Professional x64 Edition SP2 或更高版本；<br>有关 Windows Vista 版本的详细信息，请参见 http://www.microsoft.com/windowsvista/versions | 建议在使用与 AutoCAD 2010 语言的代码页面相匹配的用户界面语言的操作系统上安装 AutoCAD 2010 的非英语语言版本。代码页面为在不同语言中使用的字符集提供了支持 |
| Web 浏览器 | Microsoft Internet Explorer® 7.0 或更高版本 | |

续表

| 硬件/软件 | 需 求 | 注 解 |
|---|---|---|
| 处理器 | 32 位：<br>Windows XP；<br>Intel Pentium 4 或 AMD Athlon™ Dual Core，1.6 GHz 或更高，采用 SSE2 技术；<br>Windows Vista；<br>Intel Pentium 4 或 AMD Athlon Dual Core，3.0 GHz 或更高，采用 SSE2 技术<br><br>64 位：<br>AMD Athlon 64，采用 SSE2 技术；<br>AMD Opteron™，采用 SSE 技术；<br>Intel Xeon，支持 Intel EM64T，并采用 SSE2 技术；<br>Intel Pentium 4，支持 Intel EM64T，并采用 SSE2 技术 | |
| 内存 | 2 GB RAM | |
| 显示器分辨率 | 1024×768 真彩色 | 需要一个支持 Windows 的显示适配器。<br>对于支持硬件加速的图形卡,必须安装 DirectX 9.0c 或更高版本。<br>从 "ACAD.msi" 文件进行的安装并不安装 DirectX 9.0c 或更高版本,必须手动安装 DirectX 以配置硬件加速 |
| 硬盘 | 32 位：<br>安装需要使用 1 GB<br><br>64 位：<br>安装需要使用 1.5 GB | |
| 定点设备 | MS-Mouse 兼容 | |
| DVD/CD-ROM | 从 DVD 或 CD-ROM 下载并安装 | |
| 三维建模需满足的要求 | Intel Pentium 4 或 AMD Athlon 处理器，3.0 GHz 或更高；Intel Dual Core 或 AMD Dual Core 处理器，2.0 GHz 或更高；<br>2 GB RAM 或更大；<br>2 GB 可用硬盘空间(不包括安装所需空间)；<br>1280×1024 32 位彩色视频显示适配器(真彩色)，具有 128 MB 或更大显存，且支持 Direct3D® 的工作站级图形卡 | |

**表 1.1-10 对三维使用的其他建议**

| 硬件/软件 | 需 求 | 注 解 |
|---|---|---|
| 操作系统 | 32 位：<br>Microsoft Windows Vista Enterprise；<br>Microsoft Windows Vista Business；<br>Microsoft Windows Vista Ultimate；<br>Microsoft Windows Vista Home Premium；<br>Microsoft Windows XP Professional Edition (SP2)；<br>Microsoft Windows XP Home Edition (SP2)。<br><br>64 位：<br>Microsoft Windows Vista Enterprise；<br>Microsoft Windows Vista Business；<br>Microsoft Windows Vista Ultimate；<br>Microsoft Windows Vista Home Premium；<br>Microsoft Windows XP Professional Edition (SP2) | 建议在使用与 AutoCAD 2010 语言的代码页面相匹配的用户界面语言的操作系统上安装 AutoCAD 2010 的非英语语言版本。代码页面为在不同语言中使用的字符集提供了支持。<br>安装 AutoCAD 2010 时，会自动检测 Microsoft Windows 操作系统是 32 位版本还是 64 位版本，并将安装适当的 AutoCAD 2010 版本。无法在 Microsoft Windows 的 64 位版本上安装 AutoCAD 2010 的 32 位版本 |
| 处理器 | Intel Pentium 4 处理器或 AMD Athlon，2.2 GHz 或更高；<br>AMD 双核处理器，1.6 GHz 或更高 | |
| 内存 | 2 GB(或更高) | |
| 图形卡 | 1280×1024 32 位彩色视频显示适配器(真彩色)，具有 128 MB 或更大显存，且支持 OpenGL 或 Direct3D 的工作站级图形卡。<br>对于 Microsoft Windows Vista，需要 1024×768 VGA(真彩色)，具有 128 MB 或更大显存，且支持 Direct3D 的工作站级图形卡(最低要求) | 需要一个支持 Windows 的显示适配器。<br>对于支持硬件加速的图形卡，必须安装 DirectX 9.0c 或更高版本。<br>从"ACAD.msi"文件进行的安装并不安装 DirectX 9.0c 或更高版本，必须手动安装 DirectX 以配置硬件加速 |
| 硬盘 | 2 GB(除了所需用于安装的 1GB 或更高) | |

#### 4. AutoCAD 2010 的安装

在安装 AutoCAD 2010 之前，需要保证计算机能够完全符合前面所讲述的最低要求，安装方法和其他软件的安装方法类似。主要安装过程如下：

(1) AutoCAD 2010 软件光盘放入光驱或从官方网站下载安装文件。

(2) 运行 setup.exe 程序文件，稍后将打开安装界面。

(3) 根据安装向导提示完成安装。运行 setup.exe 程序后，弹出安装向导界面对话框，单击"安装产品"选项进行安装。在安装向导界面对话框内，也可单击"安装工具和实用程序"选项，安装网络许可实用程序、管理工具和报告工具。安装过程中，勾选"中文(简体)(Chinese)"复选项，根据需要勾选"Autodesk Design Review"复选项；在"国家或地区"

选项框中选择"China"，接受软件许可协议，输入产品序列号、密钥和用户信息；根据需要修改配置信息，否则选取默认配置信息，指定安装路径(C:\Program Files\AutoCAD 2010)和安装类型(典型、自定义)，勾选"AutoCAD Express Tools"和"材质库"复选项；安装Visual C++、.NET Framework、DirectX、AutoCAD 2010 等有关组件。安装成功后，生成AutoCAD 2010 程序图标和程序组。

(4) 注册和激活 AutoCAD 2010。首次运行，要求进行初始设置(如选择行业、优化默认工作空间、指定图形样板文件等)、授权注册和激活。在产品激活向导中，选择"激活"项，按照提示输入正确激活码，完成注册和激活。成功激活后，才可使用 AutoCAD 2010。

**5. AutoCAD 2010 的启动、关闭和用户界面**

在安装好 AutoCAD 2010 后，启动的方法主要有以下几种方式：

(1) 在桌面上"双击"图标或"右键"单击该图标，选择"打开"，即可启动。

(2) "单击"桌面左下角"开始"按钮，从程序子菜单中找到"AutoCAD 2010"，然后"单击"启动。

(3) "右键"选择任意一个 AutoCAD 图形文件(.dwg 文件)，然后选择"打开"或"双击"任意一个 AutoCAD 图形文件，即可启动。

AutoCAD 2010 的用户界面类似于目前流行的 Windows 可视化界面，具有直观、醒目和友好等优点，它是用户进行设计和绘图操作的工作空间。AutoCAD 2010 预定义了 3 种类型用户界面(二维草图与注释、三维建模、AutoCAD 经典)，即工作空间，用户可根据需要选择合适用户界面(工作空间)进行设计和绘图操作，也可通过"自定义用户界面"对话框设置和修改用户界面参数，定制更符合实际应用需求的用户界面，更能轻松方便地在不同用户界面之间切换。

(1) "AutoCAD 经典"用户界面：如图 1.1-3 所示，它是 AutoCAD 的传统用户界面，面向设计和绘制二维、三维图形的工作空间，为用户提供有关二维、三维图形设计和绘制操作的菜单栏、工具栏、工具选项板，用户主要使用菜单栏、工具栏、工具选项板进行设计和绘图操作。单击菜单栏"工具"→"选项板"→"功能区"，可显示或隐藏功能区面板。

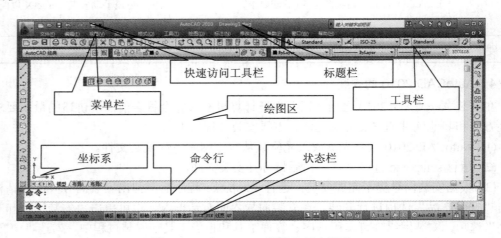

图 1.1-3 "AutoCAD 经典"用户界面

　　这 3 种用户界面各有特点，在设计和绘图过程中，用户可根据需要随时切换用户界面，也可在某个用户界面内随时添加和取消其他用户界面的功能区面板、菜单栏、工具栏、工具选项板、管理器等，使用户界面更合理、更全面、更完美。

　　(2) "三维建模"用户界面：如图 1.1-4 所示，它是面向设计和绘制三维图形任务的工作空间，为用户提供了有关三维图形设计和绘制操作的功能区面板、工具选项板、阳光特性管理器、材质管理器、视觉样式管理器和高级渲染设置管理器。用户主要使用功能区面板提供的操作命令，以及面向三维图形的工具选项板和管理器，进行设计和绘图操作。同 (1) 法可显示或隐藏菜单栏和工具栏。

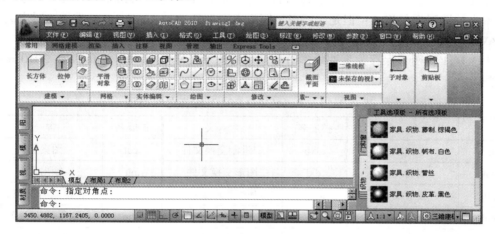

图 1.1-4　"三维建模"用户界面

　　(3) "二维草图与注释"用户界面：如图 1.1-5 所示，它是面向设计和绘制二维图形任务的工作空间，为用户提供了有关二维图形设计和绘制操作的功能区面板。用户主要使用功能区面板提供的操作命令进行设计和绘图操作。单击"快速访问工具栏"右侧"▼"按钮，在下拉菜单中选择"显示菜单栏"或"隐藏菜单栏"可显示或隐藏菜单栏。单击菜单栏"工具"→"工具栏"→"AutoCAD"→工具栏项，可显示或隐藏工具栏。

图 1.1-5　"二维草图与注释"用户界面

当绘图工作结束，不使用 AutoCAD 2010 时，需及时关闭软件。有 4 种关闭方法:

(1) 单击用户界面上部标题栏右侧"×"按钮。

(2) 单击用户界面左上角"应用程序菜单"中的"关闭"菜单项。

(3) 单击用户界面上部菜单栏中的"文件"→"关闭"菜单项。

(4) 按【Alt】+【F4】键。

在执行关闭软件操作时，若未保存图形文件，则提示保存该图形文件到指定位置。

**6. AutoCAD 2010 的文件类型**

AutoCAD 2010 的原始图形文件格式与早期版本不兼容。AutoCAD 2010 可以打开早期版本中的图形文件格式；但是，要在早期版本中打开 AutoCAD 2010 文件，用户需要使用 SAVEAS 命令，并将其保存为相应格式。

表 1.1-11 说明了保存为早期版本时要使用的图形文件格式，即 AutoCAD 2010 系统文件类型。

**表 1.1-11  AutoCAD 2010 系统文件类型**

| 扩展名 | 含 义 | 扩展名 | 含 义 | 扩展名 | 含 义 |
|---|---|---|---|---|---|
| .ac$ | 临时文件 | .dxb | 二进制交换文件 | .pat | 图案文件 |
| .bak | 备份文件 | .dxf | 图形交换文件 | .plt | 输出文件 |
| .cfg | 配置文件 | .dxx | 属性提取文件 | .sat | ACIS 实体对象文件 |
| .cui | 界面自定义文件 | .eps | PostScript 文件 | .shp | 形/字形定义文件 |
| .dgn | CAD 图形文件 | .exe | 程序文件 | .shx | 形编译文件 |
| .dwg | CAD 图形文件 | .lin | 线型文件 | .stl | 平板印刷文件 |
| .dwt | CAD 模板文件 | .lsp | LISP 文件 | .sld | 幻灯文件 |
| .dwf | 网络图形文件 | .mnu | 菜单文件 | .txt | 文字文件 |
| .dws | CAD 标准文件 | .pdf | PDF 文档阅读文件 | .wmf | Windows 图元文件 |
| .dst | 图纸集数据文件 | .pgp | 命令别名定义文件 | .3ds | 3D Studio 文件 |

**7. AutoCAD 2010 文件的基本操作**

1) 新建文件

当启动 AutoCAD 2010 后，系统会自动打开一个名为"Drawing1.dwg"的文件。如果用户需要重新创建一个文件，可以通过以下几种方式创建:

(1) 键盘命令: NEW✓。

(2) 菜单选项:"文件"→"新建"。

(3) 工具按钮: 标准工具栏→"新建"。

(4) 应用程序菜单:"应用程序菜单"→"新建"。

(5) 快速访问工具栏:"新建"。

在默认情况下，STARTUP 系统变量为 0(开)，FILEDIA 系统变量为 1。"选择样板"对话框，如图 1.1-6 所示。通过该对话框选择合适图形样板文件，按该样板文件设置的绘图环境参数创建新图形文件，进入用户界面，即可进行绘图操作。

图 1.1-6　"选择样板"对话框

"选择样板"对话框提供了丰富的图形样板文件供用户选用。其中，提供了 acad.dwt 和 acadiso.dwt 两个默认样板文件供初学者使用。acad.dwt 样板文件是基于"英制"，图形界限为 12×9；acadiso.dwt 样板文件是基于"公制"，图形界限为 420×297。同样，可以单击右下角按钮"▼"，弹出下拉菜单，选择"英制"或"公制"菜单项来选择这两个样板文件。其他样板文件是一些基于特殊应用的样板文件。

2) 保存文件

按当前路径及文件名将图形文件保存在存储介质(硬盘或软盘)上。一般情况下，绘图一段时间后，要及时执行快速存盘，以免出现意外故障丢失绘图信息，同时也为了方便以后查看、使用、修改和编辑等。

可以通过以下几种方式保存文件：

(1) 键盘命令：QSAVE↙。

(2) 菜单选项："文件"→"保存"。

(3) 工具按钮：标准工具栏→"保存"。

(4) 应用程序菜单："应用程序菜单"→"保存"。

(5) 快速访问工具栏："保存"。

(6) 快捷键：【Ctrl】+S。

如果前面已经保存过图形文件，则按当前路径和文件名保存，没有提示信息。如果当前图形文件未命名，则弹出"图形另存为"对话框(见图 1.1-7)，类似"选择文件"对话框，在对话框中指定盘符、文件夹、文件名，单击"保存"按钮即可保存图形文件。在"图形另存为"对话框的"工具"菜单中选择"安全选项"，弹出"安全选项"对话框，根据提示设置图形密码。

3) 文件换名保存

当用户在已保存的图形文件的基础上进行了修改，又不想将原来的图形文件覆盖时，可以执行"另存为"命令，将修改后的图形文件以不同的路径或不同的文件名进行保存。

可以通过以下几种方式执行"另存为"命令：

(1) 键盘命令：SAVEAS↙。

(2) 菜单选项:"文件"→"另存为"。

(3) 应用程序菜单:"应用程序菜单"→"另存为"。

图 1.1-7   "图形另存为"对话框

4) 打开已有图形文件

用户需要查看、使用或编辑已有图形文件时,可以使用"打开"命令将此图形文件打开。可以通过以下几种方式执行"打开"命令:

(1) 键盘命令:OPEN↙。

(2) 菜单选项:"文件"→"打开"。

(3) 工具按钮:"标准"工具栏→"打开"。

(4) 应用程序菜单:"应用程序菜单"→"打开"。

(5) 快速访问工具栏:选择"打开"。

(6) Windows 资源管理器:资源管理器→选择待打开文件→拖入 AutoCAD 窗口绘图区。

(7) 按组合键【Ctrl】+O。

弹出"选择文件"对话框(见图 1.1-8),类似"选择样板"对话框,不同的是在对话框中查找和选择待打开图形文件(可多选)时,单击"打开"按钮或双击待打开文件名,即可打开一个或多个图形文件。

图 1.1-8   "选择文件"对话框

5) 查看图形

大多数用户使用鼠标作为其定点设备查看图形，其他设备也具有相同的控件。鼠标用于控制 AutoCAD 的光标和屏幕指针。鼠标示意图如图 1.1-9 所示。

鼠标操作方式主要包括：

(1) 左键：拾取键，单击用于选择对象和命令，也可以框选对象。

(2) 右键：绘图时相当于回车，在绘图区外相当于弹出快捷菜单。

(3) 滚轮：滚动滚轮相当于动态缩放 Zoom 命令，按住滚轮移动鼠标相当于平移 Pan 命令。

目前常用的鼠标为滚轮鼠标，其操作如表 1.1-12 所示。

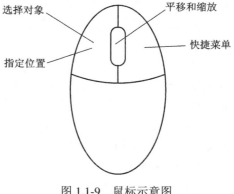

图 1.1-9    鼠标示意图

表 1-12    鼠标"滚轮"操作

| 序号 | 操作结果 | 操作方法 |
|---|---|---|
| 1 | 放大或缩小 | 转动滚轮向前，放大；转动滚轮向后，缩小 |
| 2 | 缩放到图形范围 | 双击滚轮按键 |
| 3 | 平移 | 按住滚轮按键并拖动鼠标 |
| 4 | 平移(操纵杆) | 按住 CTRL 键以及滚轮按键并拖动鼠标 |
| 5 | 显示对象捕捉菜单 | 将 MBUTTONPAN 系统变量设置为 0，并单击滚轮按键 |

另外，鼠标停留在工具栏的按钮片刻，将显示帮助信息。

**8. 命令的基本操作**

在 AutoCAD 软件中，用户选择某一项或单击某个工具，在大多数情况下都相当于执行了一个带选项的命令(通常情况下，每个命令都不止一个选项)。因此，命令是 AutoCAD 软件的核心，在绘图中，基本上都以命令形式来进行的。

1) 命令的输入

(1) 使用鼠标输入命令。AutoCAD 软件的光标通常为"+"字形式。当光标移至菜单选项、工具栏或对话框内时，会变成一个箭头。不管鼠标光标是"+"字形式还是箭头形式，当单击或者按动鼠标键时，都会执行相应的命令或动作。

(2) 使用键盘输入命令与参数。大部分 AutoCAD 软件的功能都可以通过键盘在命令行输入命令完成，而且键盘是输入文本对象、坐标以及各种参数的唯一方法。我们可以在"Command："提示处通过键盘输入命令名，以调用任一 AutoCAD 命令，之后按【Enter】键。在键入一个命令之前，一定要确保"Command："提示处于命令提示区的最后一行。如果"Command："提示尚未被显示，则必须通过【ESC】键取消前一个命令。如果键入一个命令后，需要重复这个命令，则可直接按【空格】键或【Enter】键。

(3) 透明命令。透明命令是指在其他命令执行时可以输入的命令。当透明命令执行完毕，AutoCAD 软件将继续运行当前命令。例如：若用户正在画一条直线，这时却希望缩放视图，则可以透明地激活 Zoom 命令(在它前面加一个'号)。许多命令和系统变量都可以透明地使用。透明命令在编辑和修改大图形时特别有用。如果是用鼠标输入命令，可直接用鼠标的光标单击透明命令。

(4) 用菜单方式输入命令。用户可通过菜单方式输入操作命令。将光标移至某菜单项，单击则执行该菜单项所表示的操作命令。如需参数输入，则给出参数输入提示，根据参数输入提示输入有关参数值，即可完成该命令的执行，并在绘图区内实时显示命令操作结果。

(5) 重复输入命令。一个命令执行完后，又出现"命令："提示。若想重复执行上一次命令，可直接按【Enter】键或【空格】键，即可重复执行上一条命令。

2) 命令的终止

AutoCAD 软件提供了以下几种终止命令方式：

(1) 切换下拉菜单或工具栏中的命令。在命令执行过程中，用户可以选择下拉菜单中的另一个命令或者单击工具栏中的另一个按钮，这时 AutoCAD 将终止正在执行的命令。此方式由于执行了新的命令而会影响操作，所以一般不推荐用该方式终止命令。

(2) 按【ESC】键。在命令执行过程中可以随时按【ESC】键终止命令的执行。

(3) 按【Enter】键。在命令执行过程中可以按一次或两次【Enter】键终止命令的执行。

3) 命令的撤销

在命令执行过程中，任何时刻都可以取消命令的执行。命令的撤销有以下几种方式：

(1) 在命令行中输入"UNDO"后，按【Enter】键。

(2) 菜单栏："编辑" → "放弃"。

(3) 单击"标准"工具栏 → "放弃"按钮。

(4) 单击"快速访问工具栏" → "放弃"按钮。

(5) 按组合键【Ctrl+Z】。

【例 1.1.1】 绘制直线对象。在指定位置绘制一条或连续多条(二维或三维)直线、折线或任意多边形。

解 (1) 执行方式。

① 键盘命令：LINE✓。

② 菜单选项："绘图" → "直线"。

③ 工具按钮：绘图工具栏 → "直线"。

④ 功能区面板："常用" → "绘图" → "直线"。

(2) 命令提示。

指定第一点: (输入起始点)

指定下一点或 [放弃(U)]: (输入下一端点或 U)

指定下一点或 [放弃(U)]: (输入下一端点或 U)

指定下一点或 [闭合(C)/放弃(U)]: (输入下一端点、C 或 U)

说明：

① 若在输入提示处直接按【Enter】键，则结束命令；若直接输入"C"，则绘制到起始点的直线(封闭直线)；若直接键入"U"，则取消前一直线段。

② 在"指定第一点："处直接按【Enter】键，则以前一直线的终点为下一直线的起点，或以前一圆弧的终点为下一切线的起点，此时，提示输入切线长度即"直线长度："，输入长度值后即可画出切线。

4）命令操作练习

教材第二部分练习 2，该图使用直线命令绘制。绘制过程如下：

命令：L✓(输入直线的快捷命令，按【回车键】)

指定第一个点：(在空白区域左键单击指定一点)

指定下一点或 [放弃(U)]：10✓(鼠标移动至起点正上方，使极轴追踪方向竖直向上)

指定下一点或 [放弃(U)]：5✓(鼠标移动至上一点右方，使极轴追踪方向水平向右，以下步骤依次类推)

指定下一点或 [闭合(C)/放弃(U)]：5✓

指定下一点或 [闭合(C)/放弃(U)]：10✓

指定下一点或 [闭合(C)/放弃(U)]：5✓

指定下一点或 [闭合(C)/放弃(U)]：5✓

指定下一点或 [闭合(C)/放弃(U)]：10✓

指定下一点或 [闭合(C)/放弃(U)]：c✓

按【回车键】结束命令，完成图形的绘制。

## 9．帮助文档

掌握如何有效使用帮助系统后，用户会从中获益匪浅。用户可以通过单击"信息中心"工具栏上的"帮助"按钮或按【F1】键或者在命令行输入"help 或？"后按【Enter】键访问帮助界面，如图 1.1-10 所示。帮助系统中包含了有关如何使用此程序的完整信息。在帮助窗口中，可以在左侧窗格中查找信息，左侧窗格上方的选项卡提供了多种查看所需主题的方法，右侧窗格中显示所选的主题。

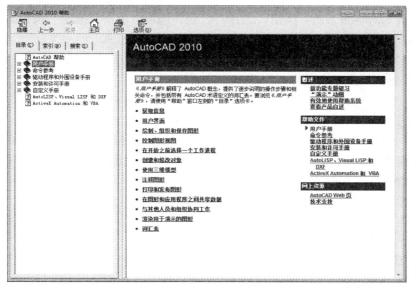

图 1.1-10　"AutoCAD 2010 帮助"界面

此帮助系统中的大多数主题都有三个选项卡,显示在帮助窗口的右窗格上方。这三个选项卡显示不同类型的信息:

(1) "概念"选项卡:描述特征或功能。单击"概念"选项卡时,"帮助"窗口的左侧窗格中的"帮助目录"列表将展开并亮显当前主题。"目录"选项卡将显示帮助中该主题的结构。要显示相关的主题,只需在列表中单击它们即可。

(2) "操作步骤"选项卡:提供与当前主题相关的常用操作步骤的详细说明。显示详细的操作步骤后,可以单击"操作步骤"选项卡重新显示当前的操作步骤列表。

(3) "快速参考"选项卡:列出与当前主题相关的命令和系统变量,还包含指向详细命令说明的链接。单击"快速参考"选项卡上的某项时,命令参考将打开选定的命令或系统变量。

单击不同的选项卡时,主题保持不变。仅显示不同类型的信息:概念、操作步骤或快速参考链接。

## 五、任务实施

绘制图形所用的命令主要是直线(LINE 或 L)。现需通过鼠标与【回车键】完成如图 1.1-11 所示图形的绘制。

# 通信工程制图

图 1.1-11 "通信工程制图"图

绘制过程如下:

步骤 1:启动 AutoCAD 2010。

步骤 2:在"选择样板"对话框中,选择样板文件"acadiso.dwt",或在"创建新图形"对话框中单击"从草图开始"按钮,选择"公制"选项,单击"确定"按钮。

步骤 3:使用 LINE 命令绘制"通信工程制图"字样:

(1) 在菜单栏中选择"绘图"→"直线"或在命令行中输入"LINE"或"L"。

(2) 在绘图区域中单击鼠标"左键",并按照图形轨迹移动。

(3) 移动至合适的位置,按【回车键】、【ESC 键】或单击"右键",选择"完成"。

(4) 重复上述(1)~(3)步骤,依次绘制图形的各个部分,至完成图形。

步骤 4:选择菜单栏中"文件"→"保存",单击"快速访问工具栏"中的"保存"按钮或按组合键【Ctrl+S】选择文件类型为"AutoCAD 2010 图形(*.dwg)",并命名,然后单击对话框中的"保存"按钮。

**注意**:绘制过程中"线段"的端点若有"吸附"现象,则取消状态栏处"对象捕捉"模式。

## 六、任务小结

本任务主要学习了 AutoCAD 2010 的用户界面、文件的创建与管理、基本操作方法以及绘制简单图形的方法。对于初学者，在该任务中要重点掌握文件的创建与保存，命令的执行、重复、终止和撤销方式，鼠标的相关操作。

## 七、拓展提高

### 1. 图形单位和界限的设置

#### 1) 图形单位的设置

在中文版 AutoCAD 2010 中，可以选择"格式"→"单位"命令，在打开的"图形单位"对话框中设置绘图时使用的长度单位、角度单位，以及单位的显示格式和精度等参数。

方法和步骤：下拉式菜单"格式"→"单位"或命令：Units。图形单位如图 1.1-12 所示。

图 1.1-12 图形单位

#### 2) 图形界限的设置

图形绘制完成后，需要输出图纸大小，其主要目的是为了避免在打印时出错。绘图界限需要确定两个二维点的坐标，这两个二维点分别是图纸的左下角和右上角。

(1) 执行方式：菜单栏"格式"→"图形界限"。

(2) 操作练习：将绘图界限范围设定为 A4 图纸大小(210 mm × 297 mm)。

操作方法：

　　命令：limits✓

　　限界关闭：打开(ON)/<左下点> <0，0>：0，0

　　右上点<420，297>：297，210

　　重复执行 limits 命令

　　限界关闭：打开(ON)/<左下点> <0，0>：ON

(3) 选项含义和功能说明：关闭(OFF)，关闭绘图界限检查功能，绘制图形不受绘图范围的限制；打开(ON)，打开绘图界限检查功能，如果输入或拾取的值超出绘图界限，则操作将无法进行。

### 2. AutoCAD 2010 坐标系统

在绘图区域中显示一个图标，它表示矩形坐标系的 XY 轴，该坐标系称为"用户坐标系"或 UCS。选择、移动和旋转 UCS 图标可以更改当前的 UCS。UCS 在二维中很有用，在三维中也很重要。AutoCAD 2010 采用笛卡尔直角坐标系，且所有图形都在笛卡尔直角坐标系下绘制。用户坐标系定义如下：

- 在其中创建和修改对象的 XOY 平面，也称为工作平面；
- 用于特征(类似正交模式、极轴追踪和对象捕捉追踪)的水平和垂直方向；
- 栅格、图案填充、文字和标注对象的对齐和角度；
- 坐标输入的原点和方向以及绝对参照角度；
- 对于三维操作，工作平面、投影平面和 Z 轴(用于垂直方向和旋转轴)的方向。

通过单击 UCS 图标并使用其夹点或使用 UCS 命令来更改当前 UCS 的位置和方向。使用 UCSICON 命令可以显示 UCS 图标的选项。

1) 右手规则

在三维环境中创建或修改对象时，可以在三维空间中的任何位置移动和重新定向 UCS 以简化工作。UCS 用于输入坐标、在二维工作平面上创建三维空间对象以及在三维中旋转对象，新增 01 USC 图标如图 1.1-13 所示。确定坐标系坐标轴方向的右手规则是：右手的拇指、食指、中指呈相互垂直状态，它们分别代表 X、Y、Z 轴的正方向。确定对象旋转方向的右手规则：伸开右手握住旋转轴，大拇指指向旋转轴正方向，其余四指弯曲指向旋转方向，右手规则如图 1.1-14 所示。

 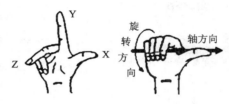

图 1.1-13　新增 01 USC 图标　　　　图 1.1-14　右手规则

2) 构造平面

当前坐标系的 XOY 平面或平行于当前坐标系 XOY 平面的平面称为构造平面，如图 1.1-15 所示。绘制二维图形一般在构造平面上进行。

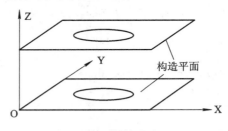

图 1.1-15　构造平面

3) 通用坐标系(WCS)

通用坐标系也称世界坐标系、默认坐标系，它是图形中所有图层共用的坐标系。它是唯一的，其坐标系原点在绘图区左下角，X 轴向右，Y 轴向上，Z 轴指向用户。

4) 用户坐标系(UCS)

用户坐标系是由用户根据需要自己建立的坐标系，它不唯一。绘图过程中，只有一个当前 UCS，UCS 的原点可在 WCS 中的任何位置，X、Y、Z 方向可任意指定，但要遵守右手规则。

5) 直角坐标系

用点在 X、Y、Z 轴上的坐标值来表示点的坐标位置，称为直角坐标系。二维直角坐标用 "x, y" 表示，如图 1.1-16(a)所示。三维直角坐标用 "x, y, z" 表示，如图 1.1-16(b)所示。

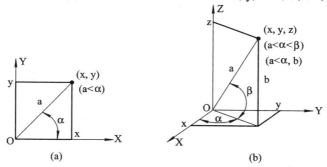

图 1.1-16　坐标系及坐标表示

6) 极坐标系

用点到原点的距离 a 和点到原点连线与 X 轴夹角值 α 来表示点的坐标位置，这种坐标系称为极坐标系。极坐标用 "a<α" 表示，如图 1.1-16(a)所示。

7) 球面坐标系

用点到原点的距离 a、点到原点连线在 XOY 平面上的投影与 X 轴的夹角 α、点到原点连线与连线在 XOY 平面上投影的夹角 β 来表示点的坐标位置，这种坐标系称为球面坐标系。球面坐标用 "a<α<β" 表示，如图 1.1-16(b)所示。

8) 柱面坐标系

用点到原点的距离 a、点到原点连线在 XOY 平面上的投影与 X 轴的夹角 α、点到 XOY 平面的距离 b 来表示点的坐标位置，这种坐标系称为柱坐标系。柱坐标用 "a<α, b" 表示，如图 1.1-16(b)所示。

9) 操作练习

绘制教材第二部分练习 2 中的图形。

绘图步骤提示：

(1) **第一种方法**：利用点的绝对坐标绘制，使用直线绘制图形。绘制过程如下：

　　命令行：L↙

　　指定第一个点：0,0↙

　　指定下一点或 [放弃(U)]：100,0↙

　　指定下一点或 [放弃(U)]：100,50↙

　　指定下一点或 [放弃(U)]：75,50↙

　　指定下一点或 [放弃(U)]：30,20↙

　　指定下一点或 [放弃(U)]：0,20↙

　　指定下一点或 [放弃(U)]：0,0↙

按【回车键】结束命令，完成图形的绘制，图形如图 1.1-17 所示。

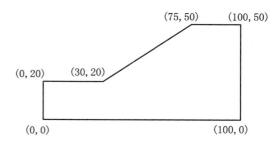

图 1.1-17　点的绝对坐标绘制法

(2) **第二种方法**：利用点的相对坐标绘制，使用直线命令绘制。绘制过程可以采用顺时针方向或逆时针方向，分别如图 1.1-18(a)顺时针方向和图 1.1-18(b)逆时针方向所示。

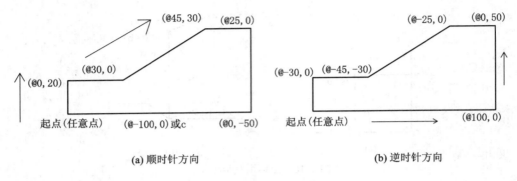

(a) 顺时针方向　　　　　　　　　　(b) 逆时针方向

图 1.1-18　点的相对坐标绘制法

图 1.1-18(a)的绘制过程如下：

命令: L↙

指定第一个点:(使用鼠标在绘图区域中左键单击指定一点)

指定下一点或 [放弃(U)]: @0,20↙

指定下一点或 [放弃(U)]: @30,0↙

指定下一点或 [闭合(C)/放弃(U)]: @45,30↙

指定下一点或 [闭合(C)/放弃(U)]: @25,0↙

指定下一点或 [闭合(C)/放弃(U)]: @0,-50↙

指定下一点或 [闭合(C)/放弃(U)]: c↙(完成图形的绘制)

图 1.1-18(b)的绘制过程如下：

命令: L↙

指定第一个点:(使用鼠标在绘图区域中左键单击指定一点)

指定下一点或 [放弃(U)]: @100,0↙

指定下一点或 [放弃(U)]: @0,50↙

指定下一点或 [闭合(C)/放弃(U)]: @-25,0↙

指定下一点或 [闭合(C)/放弃(U)]: @-45,-30↙

指定下一点或 [闭合(C)/放弃(U)]: @-30,0↙

指定下一点或 [闭合(C)/放弃(U)]: c↙(完成图形的绘制)

## 项目实训

(1) 使用 AutoCAD 2010 中的直线(LINE)命令绘制个人姓名。

(2) 根据所学的通信工程制图知识，识读图 1.1-19 某区电缆接入路由及配线工程图，并写出详细的识读过程。

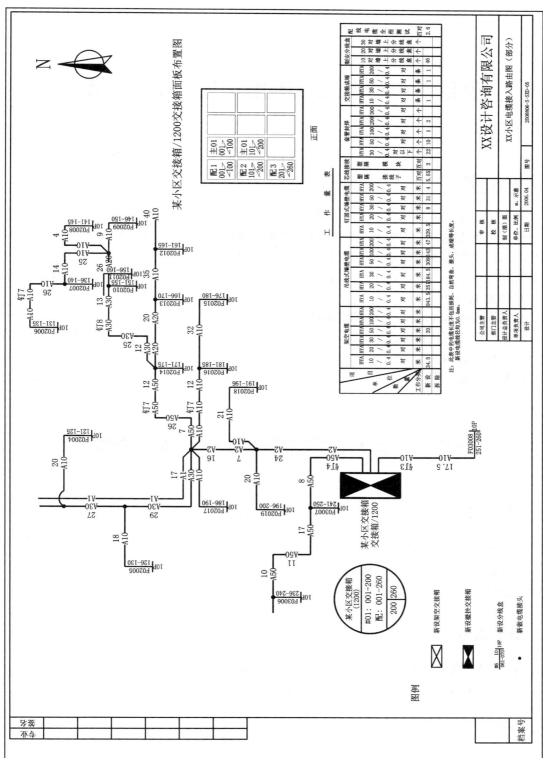

图 1.1-19 某区电缆接入路由及配线工程图

# 项目二　通信工程制图常用图例的绘制

## 项目要求 ✍

  任何一幅工程图样都是由一些基本图形元素(如直线、圆、圆弧和文字等)组成的，学习绘制通信工程图，首先应该掌握绘制基本图形元素的方法。本项目主要介绍 AutoCAD 软件最基本的绘图命令，包括点、直线、多段线、构造线、样条曲线、圆、圆弧、矩形、正多边形和图案填充等命令，读者可通过绘制通信工程图的常用图例掌握绘制各种对象的方法，具体要求如下：

- 熟练使用 AutoCAD 软件的主要绘图命令；
- 掌握绘图工具精确绘图模式的设置以及对象捕捉、自动追踪和动态输入功能的应用；
- 掌握图层相关知识，会设置对象的线型、线宽和颜色等；
- 掌握通信工程制图中的图例及其含义，并且能够完成各类通信工程图例的绘制。

## 任务 1　绘制通信工程图中常用的地形图图例

### 一、任务目标

  (1) 掌握 AutoCAD 软件的点、直线等绘图命令。
  (2) 能够正确使用工具的精确绘图模式以及对象捕捉、自动追踪和动态输入功能，并能通过绘图命令完成通信工程图中地形常用图例的绘制。

### 二、任务描述

  (1) 设置精确绘图模式，主要包括栅格模式、正交模式和捕捉模式。
  (2) 设置对象的线型、线宽和颜色等属性，绘制通信工程图中常用的地形图例。

### 三、任务解析

  首先，应新建绘图文件，然后根据需要添加相应的线型。在绘图过程中，注意切换线型、线宽或颜色，并灵活运用绘图模式、对象捕捉、自动追踪和动态输入功能，使所绘制的图形整洁美观，表达更为准确。其次，要学会使用绘图命令。

## 四、相关知识

### 1．栅格模式、捕捉模式和正交模式的设置和应用

在绘制图形时，尽管可以通过移动光标来指定点的位置，但却很难精确指定点的某一具体位置。因此，要精确定位点，必须使用坐标或捕捉功能。AutoCAD 2010 为用户提供了精确绘图工具和命令。

精确绘图主要有命令行操作、状态栏操作、快捷菜单和功能键等方式，建议用户使用状态栏操作方式。状态栏中列出了有关的系统工作状态，如图 1.2-1(a)所示，单击相应的按钮即可完成该状态的"开/关"切换。"右键"单击该状态栏，再单击"使用图标"选项，取消选择后，可显示文字型按钮，如图 1.2-1(b)所示。

(a)                                    (b)

图 1.2-1　状态栏辅助绘图工具

1）正交模式

为方便用户绘制水平或垂直直线，AutoCAD 2010 提供了正交模式功能，所以绘制出的线条只能是完全水平或垂直的。

(1) 打开/关闭方式。

① 键盘命令：**ORTHO**✓。

② 工具按钮：状态栏→"正交"贴片。

③ 热键：【F8】或【Ctrl+L】。

(2) 命令提示。

命令条目：ortho(或 'ortho，用于透明使用)✓

输入模式 [开(ON)/关(OFF)] <当前>：(输入 ON 或 OFF，或按【Enter】键)

使用定点设备指定两点来确定角度或距离时，将使用正交模式。在正交模式下，光标移动限制在水平或垂直方向上(相对于 UCS)。将平行于 UCS 的 X 轴方向定义为水平方向，将平行于 Y 轴的方向定义为垂直方向。

(3) 说明。

① 当在命令行中输入坐标或指定对象捕捉时，将忽略正交模式。

② 如果网格旋转或处于轴测方式，则正交模式所绘制的直线也以同样的角度倾斜。

2）捕捉模式

捕捉模式是 AutoCAD 2010 提供的一种定位坐标点的功能，它使光标只能按照一定大小的距离移动。捕捉功能打开时，如果移动鼠标，十字光标只能落在距离该点一定距离的某个点上，而不能随意定位。AutoCAD 2010 提供的 SNAP 命令就可以透明地完成该功能的设置。

(1) 打开/关闭方式。

① 键盘命令：SNAP✓。

② 菜单选项："工具"→"草图设置"→"捕捉和栅格"标签。

③ 工具按钮：状态栏→"捕捉"贴片。

④ 热键：F9 或【Ctrl+B】。

⑤ 快捷菜单：在状态栏的"捕捉"贴片处单击右键→选择快捷菜单中"设置"→选择"捕捉和栅格"标签。

(2) 命令提示。

> 指定捕捉间距或 [开(ON)/关(OFF)/纵横向间距(A)/旋转(R)/样式(S)/类型(T)]<10.0>：(输入捕捉间距、ON、OFF、A、R、S 或 T)

各选项功能解释如下：

➤ 指定捕捉间距：输入 X、Y 方向的网格捕捉间距，设置网格捕捉间距。

➤ 开(ON)或关(OFF)：输入 ON，打开网格捕捉功能；输入 OFF，关闭网格捕捉功能。

➤ 纵横向间距(A)：输入 A，分别设置水平和垂直捕捉间距。其命令提示如下：

> 指定捕捉间距或[开(ON)/关(OFF)/纵横向间距(A)/旋转(R)/样式(S)/类型(T)]<10.0>：A✓

> 指定水平间距(X) <10.0>：(输入水平间距)

> 指定垂直间距(Y) <10.0>：(输入垂直间距)

➤ 旋转(R)：输入 R，设置网格绕某基点旋转的角度，光标也按该角度旋转。其命令提示如下：

> 指定捕捉间距或[开(ON)/关(OFF)/纵横向间距(A)/旋转(R)/样式(S)/类型(T)]<10.0>：R✓

> 指定基点<0.0, 0.0>：(输入旋转基点)

> 指定旋转角度<0>：(输入旋转角度)

➤ 样式(S)：输入 S，设置捕捉方式。其命令提示如下：

> 指定捕捉间距或[开(ON)/关(OFF)/纵横向间距(A)/旋转(R)/样式(S)/类型(T)]<10.0>：S✓

> 输入捕捉栅格类型[标准(S)/等轴测(I)] <S>：(输入 S 或 I)

✧ 标准(S)：输入 S，设置标准样式，捕捉栅格平行于 X 轴、Y 轴。

> 指定捕捉间距或[纵横向间距(A)] <10.0>：(输入捕捉栅格间距或 A)

✧ 等轴测(I)：输入 I，设置等轴测样式，栅格为等轴测栅格，光标十字线倾斜，随着 TOP(顶)、LEFT(左)、RIGHT(右)状态不同，倾斜程度不同。用 ISOPLANE 命令可在顶、左、右状态之间切换。

➤ 类型(T)：输入 T，设置捕捉类型，有两种类型供选择。其命令提示如下：

> 指定捕捉间距或[开(ON)/关(OFF)/纵横向间距(A)/旋转(R)/样式(S)/类型(T)]<10.0>：T✓

> 输入捕捉类型 [极轴(P)/栅格(G)] <Grid>：(输入 P 或 G)

✧ 极轴捕捉(P)：输入 P，设置极轴类型捕捉，捕捉沿极轴方向。

✧ 栅格捕捉(G)：输入 G，设置栅格类型捕捉，捕捉沿栅格方向。

(3) 说明。

① 捕捉功能可以让鼠标快速定位。

② 旋转将影响栅格和正交模式，但不会影响 UCS 的原点和方向。

③ 捕捉栅格的改变只影响新点的坐标，图形中已有的对象保持原来的坐标。

④ 在透视视图下捕捉模式无效。

3) 栅格模式

同光标捕捉不同，显示栅格的目的仅仅是为给绘图提供一个可见参考，它不是图形的组成部分。因此，AutoCAD 2010 在输出图形时并不会打印栅格。栅格也不具有捕捉功能，但它是透明的。

(1) 打开/关闭方式。

① 键盘命令：GRID✓。

② 菜单选项："工具"→"草图设置"→"捕捉和栅格"标签。

③ 工具按钮：状态栏→"栅格"贴片。

④ 热键：【F7】或【Ctrl+G】。

⑤ 快捷菜单：在状态栏的"栅格"贴片处单击右键→选择快捷菜单中"设置"→选择"捕捉和栅格"标签。

(2) 命令提示。

　　指定栅格间距 (X) 或 [开(ON)/关(OFF)/捕捉(S)/主(M)/自适应(D)/界限(L)/跟随(F)/纵横向间距(A)] <10.0>：(输入间距、ON、OFF、S、M、D、L、F 或 A)

各选项功能解释如下：

➢ 指定栅格间距(X)：输入 X 方向、Y 方向栅格间距或缩放倍数(数值后跟 X)，栅格间距一般设置为网格间距的倍数。若栅格间距太小，则报错，并显示"栅格太密，无法显示"。

➢ 开(ON)或关(OFF)：输入 ON，显示栅格；输入 OFF，关闭栅格。

➢ 捕捉(S)：输入 S，设置栅格间距为网格捕捉(Snap)间距。

➢ 主(M)：输入 M，指定主栅格线相对于次栅格线的频率。除二维线框以外的任何视觉样式将显示栅格线，而不是栅格点。

➢ 自适应(D)：输入 D，缩小时，限制栅格密度，允许以小于栅格间距的间距再拆分；放大时，生成更多间距更小的栅格线。主栅格线的频率决定这些栅格线的频率。

➢ 界限(L)：输入 L，显示超过图界范围的栅格。

➢ 跟随(F)：输入 F，更改栅格平面以跟随动态 UCS 的 XOY 平面。

➢ 纵横向间距(A)：输入 A，分别设置水平和垂直间距。其命令提示如下：

　　指定栅格间距(X)或[开(ON)/关(OFF)/捕捉(S)/……/纵横向间距(A)] <10.0>：A✓

　　指定水平间距(X) <10.0000>：(输入水平间距或缩放倍数)

　　指定垂直间距(Y) <10.0000>：(输入垂直间距或缩放倍数)

### 2．对象捕捉

在绘图过程中，经常需要精确指定点的位置。每个图形对象都有一些重要的几何特征点，如端点、中点、圆心和交点等，对象捕捉能帮助用户自动捕捉和确定这些点的精确位置。不论何时提示输入点，都可以指定对象捕捉。默认情况下，当光标移到对象的对象捕捉位置时，将显示标记和工具提示。此功能称为 AutoSnap™ (自动捕捉)，提供了视觉确认，指示了哪个对象捕捉正在使用。

AutoCAD 2010 提供了 16 种对象捕捉模式，如图 1.2-2 所示。在进行对象捕捉前，要设置一种或多种对象捕捉模式。16 种对象捕捉模式有：

(1) 端点(Endpoint)捕捉：捕捉线段、圆弧和多段线等对象的端点。

(2) 中点(Midpoint)捕捉：捕捉线段、圆弧等对象的中点。

(3) 交点(Intersection)捕捉：捕捉对象之间的交点。

(4) 外观交点(Apparent Intersect)捕捉：捕捉对象在视图平面上相交的点。

(5) 延伸点(Extension)捕捉：捕捉指定参照对象延伸线上符合指定条件的点。

(6) 圆心(Center)捕捉：捕捉圆、圆弧的圆心点。

(7) 象限点(Quadrant)捕捉：捕捉圆、圆弧上的象限点(0°、90°、180°、270°位置处)。

(8) 切点(Tangent)捕捉：捕捉圆、圆弧上的切点。

(9) 垂点(Perpendicular)捕捉：捕捉对象(延长线)离拾取点最近的垂点。

(10) 平行点(Parallel)捕捉：捕捉与参照对象平行的线上符合指定条件的点。

(11) 插入点(Insert)捕捉：捕捉块、形、文本、外部参照的插入点。

(12) 节点(Node)捕捉：捕捉点、等分点、等距点。

(13) 最近点(Nearest)捕捉：捕捉对象离拾取点最近的点。

(14) 临时追踪点(Tracing)捕捉：捕捉相对指定点水平、垂直、沿极轴方向上的点。

(15) 捕捉自(From)捕捉：建立临时参照点，捕捉与该点偏移一定距离的点。

(16) 无(None)捕捉：不使用任何捕捉。

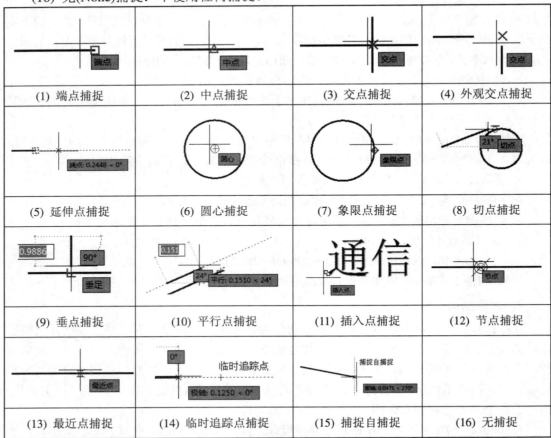

图 1.2-2  对象捕捉模式示例

1) 执行方式

① 键盘命令：-OSNAP、OSNAP 或 DDOSNAP✓。

② 菜单选项："工具"→"草图设置"→"对象捕捉"标签。

③ 工具按钮：对象捕捉工具栏→"对象捕捉设置"。

④ 快捷菜单：对象捕捉快捷菜单→"对象捕捉设置"。

⑤ 热键：【F3】、【Ctrl+F】或单击状态栏"对象捕捉"贴片(开关按钮)。

2) 命令提示

执行 -OSNAP 命令，使用键盘设置永久对象捕捉模式，命令提示如下：

　　　　当前对象捕捉模式：端点，圆心，切点，节点

　　　　输入对象捕捉模式列表：(输入对象捕捉模式表)

当前永久对象捕捉模式有：端点(End)、圆心(Cen)、切点(Tan)、节点(Nod)。如果要重新设置为端点(End)、中点(Mid)、交点(Int)，则在提示处键入"End，Mid，Int"即可。命令提示如下：

　　　　输入对象捕捉模式列表：End，Mid，Int✓

执行其他对象捕捉命令时，将弹出"草图设置"对话框(如图 1.2-3)，选择对话框中的"对象捕捉"标签，根据提示设置对象捕捉模式。

(1) 对象捕捉模式区：用鼠标单击捕捉模式复选框选择或取消该捕捉模式。单击"全部选择"按钮，则选择全部捕捉模式；单击"全部取消"按钮，则取消全部捕捉模式。

(2) 启用对象捕捉：复选框，单击可启用或关闭永久对象捕捉，也可按【F3】键启用或取消。

(3) 启用对象捕捉追踪：复选框，单击启用或关闭追踪功能，也可按【F11】键启用或关闭。

(4) 选项：对话框按钮，单击弹出"选项"对话框，完成有关参数设置。

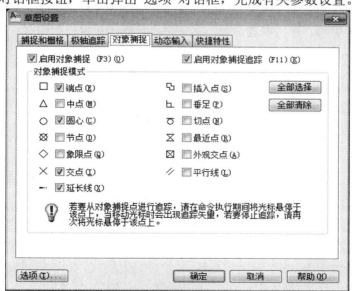

图 1.2-3　"草图设置"对话框中的"对象捕捉"标签

3) 指定对象捕捉

要在提示输入点时指定对象捕捉，可以执行以下操作：

(1) 按住【Shift】键并单击鼠标右键以显示"对象捕捉"快捷菜单。

(2) 单击鼠标右键，然后从"捕捉替代"子菜单中选择对象捕捉。

(3) 单击"对象捕捉"工具栏上的对象捕捉按钮。

(4) 输入对象捕捉的名称。

在提示输入点时指定对象捕捉，该对象捕捉只对指定的下一点有效。仅当提示输入点时，对象捕捉才生效。

注：如果要让对象捕捉忽略图案填充对象，请使用 OSOPTIONS 系统变量。

4) 使用执行对象捕捉

如果需要重复使用一个或多个对象捕捉，可以启用"执行对象捕捉"，它将在所有后续命令中保留。例如，可以将"端点"、"中点"和"中心"设置为执行对象捕捉。

(1) 在状态栏上，单击"对象捕捉"按钮或按【F3】键来打开和关闭执行对象捕捉。

(2) 在状态栏上，单击"对象捕捉"按钮旁边的向下键，然后单击希望保留的"对象捕捉"。

说明：如果启用多个"执行对象捕捉"，则在一个指定的位置可能有多个对象捕捉符合条件。在指定点之前，按【Tab】键可遍历各种可能的选择。

**3. 自动追踪**

AutoCAD 2010 有两种自动追踪方式：对象捕捉追踪和极轴追踪。

1) 对象捕捉追踪

对象捕捉追踪与对象捕捉紧密相关，需要与对象捕捉模式配合使用。

(1) 设置对象捕捉追踪。

单击"工具"→"草图设置"菜单项，打开"草图设置"对话框，选择"极轴追踪"标签，如图 1.2-4 所示。在"极轴追踪"标签中，选择"对象捕捉追踪设置"。设置对象捕捉追踪有两种方式：

图 1.2-4 "极轴追踪"标签

① 仅正交追踪：单击按钮，选择该项，追踪时可显示水平或垂直追踪路径(虚线)。拾取对象捕捉点后，光标沿水平或垂直追踪路径(虚线)移动，在适当位置单击鼠标左键或输入长度值，即可输入该点。追踪时，光标附近动态显示点的极坐标信息。

② 用所有极轴角设置追踪：单击按钮，选择该项，追踪时可显示极轴角追踪路径(虚线)。拾取对象捕捉点后，光标沿极轴角(极轴角倍角)追踪路径(虚线)移动，在适当位置单击鼠标左键或输入长度值，即可输入该点。追踪时，光标附近动态显示点的极坐标信息。

说明：极轴角需事先在"草图设置"对话框中的"极轴追踪"标签内设置。

(2) 设置自动追踪显示方式。

在自动追踪时有多种显示方式。打开"选项"对话框，选择"草图"标签，如图 1.2-5 所示。在"AutoTrack 设置"中设置自动追踪时的显示方式，共有三种显示方式：

① 显示极轴追踪矢量：打开或关闭极轴追踪矢量，选择该项，则显示追踪路径。

② 显示全屏追踪矢量：打开或关闭全屏追踪矢量，选择该项，则显示追踪路径。追踪路径线通过整个绘图区。

③ 显示自动追踪工具提示：打开或关闭自动追踪工具提示，选择该项，则显示对象捕捉模式、追踪距离和追踪角度的提示信息。

图 1.2-5 "选项"对话框中的"草图"标签

(3) 打开或关闭对象捕捉追踪。

有 3 种方式打开或关闭对象捕捉追踪：

① 单击状态栏上的"对象捕捉追踪"贴片。

② 按【F11】键。

③ 在"草图设置"对话框的"对象捕捉"标签中选择"启用对象捕捉追踪"。

2) 极轴追踪

极轴追踪也称角度追踪，它是沿预先设置的角度增量和附加角度方向来追踪并定位点的。显示极轴追踪路径(虚线)由角度增量和附加角度控制。

(1) 设置极轴追踪角度。

打开"草图设置"对话框，选择"极轴追踪"标签，如图 1.2-4 所示。在"极轴追踪"标签中，设置极轴追踪角度。

① 角度增量(增量角)：打开下拉列表框，选择某一角度增量，作为极轴追踪时的角度增量值，也可直接键入新的角度增量值。极轴追踪时，按角度增量的倍数角进行极轴追踪。如：角度增量为 15°，则追踪矢量角度可取 15°、30°、45°、60° 等。

② 附加角列表框：列出所有附加追踪矢量角度，可与角度增量同时使用。对附加角，在极轴追踪时只使用原值，不使用倍数值。单击"新建"按钮，可设置新的附加角。单击"删除"按钮，则可删除某一附加角。

③ 附加角：复选框，选择该项，则打开附加角，否则关闭附加角。

(2) 设置极轴角测量单位。

与绝对坐标和相对坐标类似，极轴追踪时，使用的角度增量和附加角，也可以有绝对和相对两种。AutoCAD 2010 提供了两种极轴角度测量单位。

① 绝对极轴角度测量单位：单击"绝对"按钮，选择该项，则以当前坐标系 X 轴方向作为极轴角度测量基准方向，如图 1.2-6 所示。

② 相对上一段极轴角度测量单位：单击"相对上一段"按钮，选择该项，则以前一追踪矢量方向作为极轴角度测量基准方向，如图 1.2-7 所示。

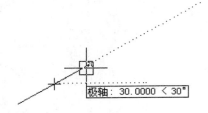 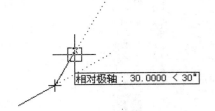

图 1.2-6　绝对极轴角度测量单位　　　　图 1.2-7　相对上一段极轴角度测量单位

(3) 打开或关闭极轴追踪。

极轴追踪可以随时打开或关闭，有三种方法完成打开或关闭：

① 在"草图设置"对话框的"极轴追踪"标签中单击"启用极轴追踪"复选框。

② 在状态栏上单击"极轴追踪"贴片。

③ 按【F10】键。

说明：极轴追踪模式不能与正交模式同时使用，但可与对象捕捉追踪同时使用。

(4) 设置极轴捕捉参数。

在使用极轴追踪功能时，需要输入距离值，有时距离值具有某种规律，如：5 的倍数、10 的倍数、100 的倍数等。

在"草图设置"对话框的"捕捉和栅格"选项卡中完成极轴捕捉参数设置。

① 极轴距离：在文本框中输入用于极轴捕捉的极轴距离(距离增量)。

② 极轴捕捉：单击按钮，选择该项，则可使用极轴捕捉功能。只有激活"网格捕捉"和"极轴追踪"功能，极轴捕捉才有效。

### 4．动态输入

AutoCAD 2010 提供了动态输入(DYN)功能，用于控制指针(坐标)输入、标注输入、动态提示以及草图工具提示外观，有助于提高绘图质量和绘图速度，深受用户欢迎。

使用动态输入功能前，需要设置动态输入的有关参数。打开"草图设置"对话框，选择"动态输入"标签，如图 1.2-8 所示，通过提示设置参数。单击主窗口下方状态栏中的"动态输入"贴片可启用或关闭动态输入。启用"动态输入"后，在光标附近显示工具栏提示信息(坐标信息、标注信息、操作信息等)，该信息会随着光标移动而动态更新。当执行某条命令时，工具栏提示将为用户提供便捷的输入位置，以提高绘图效率。

图 1.2-8　"动态输入"标签

启用动态提示且有命令在执行时，提示会显示在光标附近的工具栏提示中。用户可以在工具栏提示而不是在命令行中输入数据。按下箭头键【↓】可以查看和选择选项，按上箭头键【↑】可以显示最近的输入。

例如，启用指针输入和动态提示，绘制 $50 \times 50$ 正方形，具体如图 1.2-9 所示。

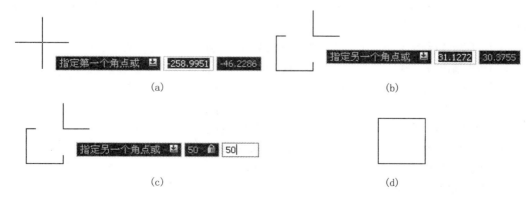

图 1.2-9　动态提示输入

**5. 对象的属性设置**

**1) 对象的颜色设置**

一般图形中往往包含有多种类型的图形对象，如墙体、屋顶、地面、家具、门窗、立柱、水管等，需要用不同的颜色来表现它们，使图形更有灵性、更加真实、更赋有表现力。AutoCAD 2010 提供了"索引颜色"、"真彩色"和"配色系统"三种颜色功能，使图形的颜色表现更加丰富多彩。

(1) 执行方式。

① 键盘命令：COLOR✓。

② 菜单选项："格式"→"颜色"。

③ 工具按钮：对象特性工具栏→"颜色控制"。

④ 功能区面板："常用"→"特性"→"颜色"。

(2) 命令提示。

COLOR 命令采用键盘操作方式设置。

命令提示如下：

    输入默认对象颜色 [真彩色(T)/配色系统(CO)] <BYLAYER>：(输入对象颜色编号、T 或 CO)

各选项功能解释如下：

➢ 输入默认对象颜色：输入颜色编号或颜色名称。使用 255 种索引颜色设置，颜色从 1～255 编号，每 1 个编号对应 1 个颜色，1～7 号称为标准颜色(红色、黄色、绿色、青色、蓝色、品红、白色)，8～255 为普通颜色，两个特殊颜色编号：0(随块色)和 256(随层色)。

➢ 真彩色(T)：输入 T，使用真彩色(24 位颜色)设置颜色，有两种真彩色模式供选择，它们分别 HSL 模式和 RGB 模式。HSL 模式称为色调、饱和度和亮度颜色模式，RGB 模式称为红、绿、蓝颜色模式。使用真彩色功能时，可以使用 1600 多万种颜色。RGB 模式的命令提示：

    红，绿，蓝：(输入 RGB 颜色值)

(3) 说明。

① 特殊颜色(随层色)：输入 BYL、BYLAYER 或 256，设置颜色为对象所在图层颜色。

② 特殊颜色(随块色)：输入 BYB、BYBLOCK 或 0，设置颜色为对象随图块插入图层颜色。

③ 标准颜色(红色)：输入"红色"、Red 或 1，设置对象颜色为红色。

④ 标准颜色(黄色)：输入"黄色"、Yellow 或 2，设置对象颜色为黄色。

⑤ 标准颜色(绿色)：输入"绿色"、Green 或 3，设置对象颜色为绿色。

⑥ 标准颜色(青色)：输入"青色"、Cran 或 4，设置对象颜色为青色。

⑦ 标准颜色(蓝色)：输入"蓝色"、Blue 或 5，设置对象颜色为蓝色。

⑧ 标准颜色(品红)：输入"品红"、Magenta 或 6，设置对象颜色为品红色。

⑨ 标准颜色(白色)：输入"白色"、White 或 7，设置对象颜色为白色(黑色)。

⑩ 普通颜色：8～255 之间的整数值。

(4) 利用对话框设置颜色。

使用其他方式执行 COLOR 命令，弹出"选择颜色"对话框，如图 1.2-10 所示，用户根据对话框提示设置颜色。

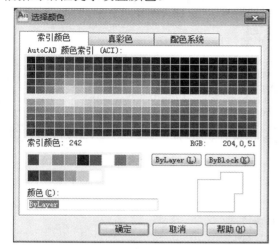

(a) "索引颜色"标签

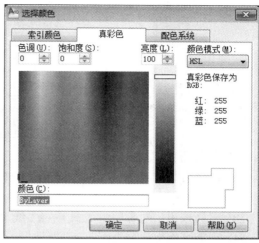

(b) "真彩色颜色"标签

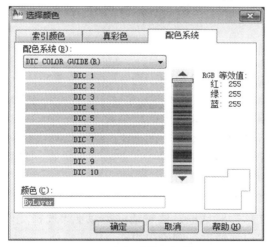

(c) "配色系统"标签

图 1.2-10 "选择颜色"对话框

2) 对象的线型设置

实际绘图时，经常使用不同种类的线条表示特定的对象，使图形更清晰、更赋有表现力。例如，用实线绘制墙体、门窗、家具等;用中心线绘制辅助线、参照线等;用虚线绘制动态物体。一种线型是由一系列短实线、点和短空白段组合而成的复合线条。AutoCAD 2010 提供了丰富的线型，供用户使用。线型存放在线型文件 acad.lin 中，用户可根据需要随时加载和选择所需线型。此外，还允许用户自定义新线型。AutoCAD 2010 缺省线型为实线。

受线型影响的图形对象有直线、射线、构造线、复合线、圆、弧、椭圆、样条曲线、多段线等。对象可采用所在图层的线型绘制，也可设置独立的线型进行绘制。

AutoCAD 2010 在线型文件 acad.lin 中提供的标准线型清单如图 1.2-11 所示。

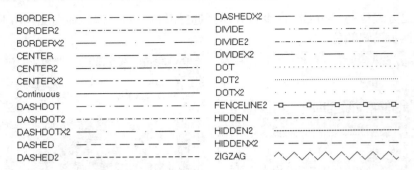

图 1.2-11　AutoCAD 2010 部分线型清单

(1) 执行方式。

① 键盘命令：-LINETYPE 或 LINETYPE✓。

② 菜单选择："格式"→"线型"。

③ 工具按钮：对象特性工具栏→"线型控制"。

④ 功能区面板："常用"→"特性"→"线型"。

(2) 命令提示。

-LINETYPE 命令采用键盘操作方式设置。

命令提示如下：

　　　当前线型："随层"

　　　输入选项 [?/创建(C)/加载(L)/设置(S)]：(输入?、C、L 或 S)

各选项功能解释如下：

➢ ?：输入?：列出 acad.lin 文件中的线型清单。

➢ 创建(C)：输入 C，创建新线型。

➢ 加载(L)：输入 L，从 acad.lin 文件中加载线型到内存。其命令提示如下：

　　　输入选项 [?/创建(C)/加载(L)/设置(S)]：L✓

　　　输入要加载的线型：(输入线型名)

之后，弹出"选择线型文件"对话框，该对话框类似于"选择文件"对话框，选择一个线型文件。如果加载的线型已加载过，则给出提示：

　　　线型"DOT"已加载。是否重载?<Y>(输入 Y 或 N)

输入 Y，用新同名线型替代原线型；输入 N，则放弃加载。

➢ 设置(S)：输入 S，设置对象线型。其命令提示如下：

　　　指定线型名或 [?] <ByLayer>：(输入线型名称、?)

◇ ?：输入?：显示已加载的线型清单。

◇ 指定线型名：输入线型名称，设置当前新线型，对象线型独立于图层线型。若输入 BYL 或 BYLAYER，则设置随层线型，线型与所在图层线型一致。若输入 BYB 或 BYBLOCK，则设置随块线型，线型与对象所属块插入层线型一致。

(3) 利用对话框设置线型。

使用其他方式执行 LINETYPE 命令，弹出"线型管理器"对话框，如图 1.2-12 所示，通过该对话框可方便地设置线型各种信息。

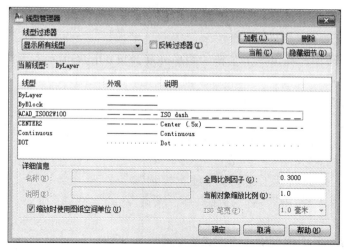

图 1.2-12 "线型管理器"对话框

① 线型清单区：列表框，显示已加载且符合过滤条件的线型名、外观、说明。

◇ 线型：用鼠标选择，变为反向显示，单击"当前"和"确定"按钮，便将其设置为当前线型。双击线型名，或在"详细信息"区的名称框内用键盘修改线型名。

◇ 外观：给出线型几何形式。

◇ 说明：给出线型文字注释。

② 线型过滤器：下拉列表框，单击右边箭头，打开下拉列表框，选择过滤条件，共有3种，分别是显示所有线型；显示所有已用过的线型；显示所有依赖于外部参照的线型。

③ 反转过滤器：复选框，用鼠标选择，则显示不符合过滤条件的线型。

④ 当前：命令按钮，用鼠标选择某线型，然后单击"当前"按钮，即可设置该线型为当前对象绘图线型。

⑤ 加载：对话框按钮，单击"加载"按钮，弹出"加载线型"对话框，根据提示将线型文件(.lin)中的线型加载到内存。

⑥ 删除：命令按钮，选择某线型，然后单击"删除"按钮，即可将该线型从内存中删除。若以后需要，则需重新加载。

⑦ 隐藏细节：对话框按钮，单击"隐藏细节"按钮，打开或关闭"详细信息"区。在"详细信息"区内，编辑修改线型有关信息(线型名称、线型说明、全局比例因子、当前对象缩放比例等)。

⑧ 设置线型比例因子：具体绘图时，有时非实线，却显示为实线，这是线型比例因子设置不当所致，所以常常需要设置、修改或调整线型比例因子。比例因子有三种：

◇ 全局比例因子：编辑框，其值保存在系统变量 LTSCALE 中，它影响所有已绘制或后续绘制的线型。

◇ 当前对象缩放比例：编辑框，其值保存在系统变量 CELTSCALE 中，它影响以后绘制的线型。实际缩放比例为 LTSCALE CELTSCALE。

◇ 缩放时使用图纸空间单位：复选框，若选择，则系统变量 PSLTSCALE 为 1。在图纸空间中，线型比例由视区的比例来控制。

⑨ ISO 笔宽：下拉列表框，从中选择设置 ISO 线型的笔宽。

3) 对象的线宽设置

线宽与颜色、线型一样可产生独特的图形外观效果。用户可对多义线、直线、圆、弧、椭圆、文本等对象设置线宽。AutoCAD 2010 提供的线宽如图 1.2-13 所示。

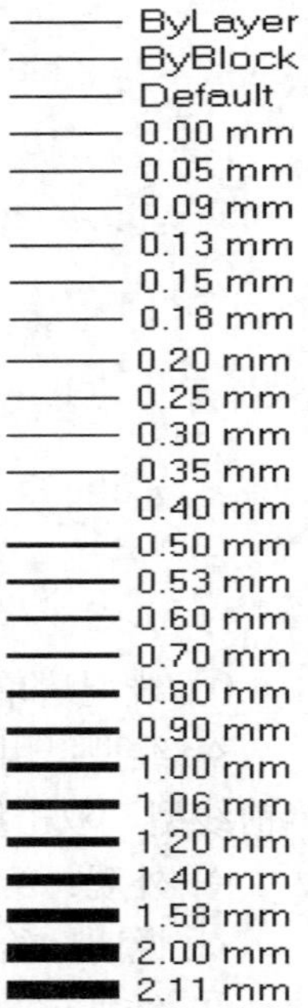

(1) 执行方式。

① 键盘命令：-LWEIGHT 或 LWEIGHT✓。

② 菜单选择："格式"→"线宽"。

③ 工具按钮：对象特性工具栏→"线宽控制"。

④ 功能区面板："常用"→"特性"→"线宽"。

(2) 命令提示。

LWEIGHT 命令采用键盘操作方式设置。

命令提示如下：

　　当前线宽：ByLayer

　　输入新对象的默认线宽或[?]：(输入？或线宽值)？：输入？，列出

AutoCAD 2010 线宽清单

　　ByLayer ByBlock　Default

　　0.00 毫米　0.05 毫米　0.09 毫米　0.13 毫米　0.15 毫米　0.18 毫米

　　0.20 毫米　0.25 毫米　0.30 毫米　0.35 毫米　0.40 毫米　0.50 毫米

各选项功能解释如下：

➤ 默认线宽(Default Lineweight)：输入新的线宽值，设置新线宽。

➤ ByLayer：输入 ByLayer，设置随层线宽，线宽与所在图层线宽一致。

➤ ByBlock：输入 ByBlock，设置随块线宽，线宽与对象所属块插入图层线宽一致。

➤ Default：输入 Default，设置缺省线宽，线宽取最细的线，宽度占一个像素。

➤ 线宽值：输入线宽值，设置新线宽，对象线宽独立于图层线宽。

(3) 利用对话框设置线宽。

使用其他方式执行 LWEIGHT 命令，弹出"线宽设置"对话框如图 1.2-14 所示，通过对话框设置线型各种信息和控制线宽显示特性。

图 1.2-13　线宽示例

图 1.2-14　"线宽设置"对话框

根据需要选择线宽、线宽单位，显示或不显示线宽，调整显示比例。显示比例会影响模型空间显示，但不影响图纸空间显示。

(4) 说明。

① 在模型空间使用 ZOOM 命令缩放线宽时，其线宽大小不变，因为图纸空间中的线宽也随之缩放。

② 0.25 毫米的线宽在模型空间都显示为一个像素宽度，在输出时按实际宽度显示。

**6. 图层**

当图形看起来很复杂时，可以隐藏当前不需要看到的对象。图层可以组织图形，暂时隐藏不需要的图形数据，还可以将默认特性(如颜色和线型)指定给每个图层。"图层"对话框如图 1.2-15 所示。

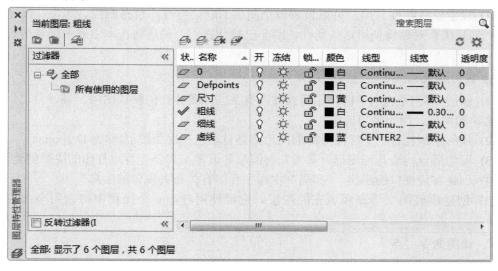

图 1.2-15　"图层"对话框

建立或遵从企业范围内的图层标准至关重要。图层标准、图形组织将随着时间的推移，在部门内变得更有逻辑、更一致、更兼容以及更易于维护。图层标准对于团队项目非常重要。如果创建图层的标准集并将其保存在图形样板文件中，则在启动新图形时可使用这些图层，从而可以立即开始工作。通过在与特定功能或用途关联的图层上组织图形中的对象，可获得该控制级别。

1) 使用图层的主要作用表现

使用图层的主要作用表现在以下几方面：

(1) 关联对象(按其功能或位置)。

(2) 使用单个操作显示或隐藏所有相关对象。

(3) 针对每个图层执行线型、颜色和其他特性标准。

说明：禁止在一个图层上创建所有对象，图层是在 AutoCAD 图形中可用的、最重要的组织部件。

2) 图层设置

以下是图层特性管理器中最常用的图层设置。单击图标以启用和禁用设置。

(1) 关闭图层(见图 1.2-16)。工作时，请关闭图层以降低图形的视觉复杂程度。

(2) 冻结图层(见图 1.2-17)。用户可以冻结暂时不需要访问的图层。冻结图层类似于将其关闭，但会在特大图形中提高性能。

(3) 锁定图层(见图 1.2-18)。若要防止发生意外更改这些图层上的对象，则需锁定图层。另外，锁定图层上的对象显示为淡入，这种方式有助于降低图形的视觉复杂程度，但仍可以使用户模糊地查看对象。

图 1.2-16  关闭图层          图 1.2-17  冻结图层          图 1.2-18  锁定图层

(4) 设置默认特性。用户可以设置每个图层的默认特性，包括颜色、线型、线宽和透明度。创建的新对象将使用这些属性，除非已替代它们。稍后将在本主题中阐述替代图层特性。

3) 实用建议

(1) 图层 0(零)是在所有图形中存在并具有某些深奥特性的默认图层。最好自己创建有意义名称的图层，而不使用此图层。

(2) 任何至少包含一个标注对象的图形都将自动包括保留图层(称为 Defpoints)。

(3) 可为后台构造几何图形、参考几何图形和通常不需要查看或打印的注释创建图层。

(4) 创建布局视口的图层。"布局"主题中介绍有关布局视口的信息。

(5) 创建所有图案填充和填充的图层。它可使用户在一个操作中将它们全部打开或关闭。

**7. 绘图命令：点**

1) 绘制点对象

在使用 AutoCAD 绘图前，首先需要知道绘制点的样式，可以根据"点样式"对话框设置点的样式和大小。

(1) 启动。

① 菜单栏："格式"→"点样式"。

② 命令行：DDPTYPE↙。

(2) 选择点的样式和大小。

打开"点样式"对话框如图 1.2-19 所示。

设置点的尺寸有两种方式：相对于屏幕设置大小和按绝对单位设置大小方式。点形状共有二十种可供用户选择。

① 在改变点的样式和大小后，用户绘制的点对象将使用新设置的值。对于所有已经存在的点，则在执行重生成(REGEN)命令后才会更改为新设置的值。

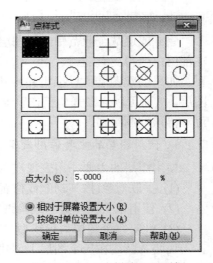

图 1.2-19  "点样式"对话框

② 如果将点的大小设为相对屏幕的大小，则在缩放图形时点的显示不会改变。如果将点的大小设为绝对单位的大小，则在缩放显示时将会相应的改变。

(3) 执行方式。

① 键盘命令：POINT↙。

② 菜单选项："绘图" → "点" → "单点" / "多点"。

③ 工具按钮：绘图工具栏→ "点"。

④ 功能区面板："常用" → "绘图" → "点"。

(4) 说明。

① 一次可输入单个点或多个点，按【ESC】键结束输入。

② 光标在 "点" 按钮处停留几秒，弹出绘制点对象的实时帮助信息。

③ "定数等分"：将线段或曲线段等分成若干部分。

④ "定距等分"：将线段或曲线段按照设置的距离等分。

2) 操作练习

绘制教材第二部分的练习 3。

## 五、任务实施

用已学到的知识绘制具有代表性的一些图例，如表 1.2-1 所示。部分图形提示如下：

(1) 序号 1～3 图形，首先设置点的样式，然后执行 "点" → "多点" 命令，绘制内部的点，其次执行 "直线" 命令，利用自动追踪功能完成外框的绘制。

(2) 序号 4～7 图形，执行 "直线" 命令，然后使用自动追踪、动态输入等功能完成图形的绘制。

(3) 序号 8 图形，首先设置线型，然后执行 "直线" 命令，完成图形的绘制。

表 1.2-1　通信工程图常用地形图例

| 序号 | 名称 | 图例 | 序号 | 名称 | 图例 |
|------|------|------|------|------|------|
| 1 | 行树 |  ∘∘∘∘∘∘∘∘∘ | 5 | 单层堤沟渠 | 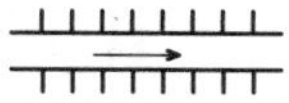 |
| 2 | 沙地 | 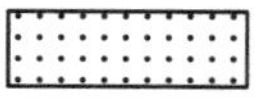 | 6 | 过街天桥 | 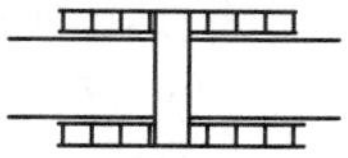 |
| 3 | 肥气池 | 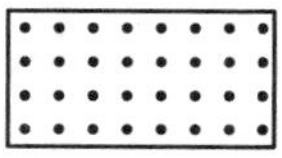 | 7 | 双层堤沟渠 | 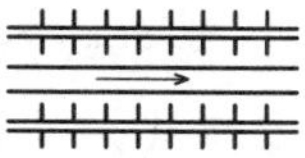 |
| 4 | 房屋 | 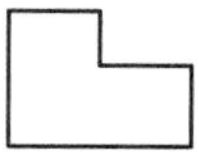 | 8 | 不能通行的沼泽 | 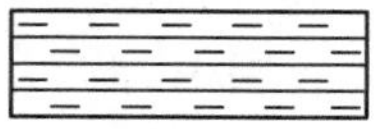 |

更多图例请参考附录 C。

## 六、任务小结

本任务主要讲解如何设置 AutoCAD 软件的绘图环境，以及如何有效地利用对象捕捉、自动追踪以及动态输入等功能准确地绘制图形，并介绍了点和直线两个绘图命令，读者可以通过练习地形图例掌握命令的使用方法和对象属性的设置步骤。

## 七、拓展提高

其他线类绘图命令如下：

1) 绘制射线对象

射线也称为单向构造线，它是只有一个起点并延伸到无穷远的直线。射线由两点(起点和另一点)确定。射线一般用作辅助线，不能作为图形输出，经修剪后方可作为图形输出，如图 1.2-20 所示。

(1) 执行方式。

① 键盘命令：RAY↙。

② 菜单选项："绘图"→"射线"。

③ 功能区面板："常用"→"绘图"→"射线"。

(2) 命令提示。

指定起点：(输入起点)

指定通过点：(输入射线经过的任意点)

……

指定通过点：↙

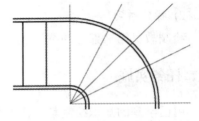

图 1.2-20　射线输出

2) 绘制构造线对象

构造线也称为双向构造线，它是没有端点且向两个方向无限延伸的直线，它由两点确定。双向构造线通常用作辅助线，不能作为图形输出，经修剪后方可作为图形输出。用构造线绘制平行线非常方便。在实践中，通常有"长对正、高平齐、宽相等"等要求。

(1) 执行方式。

① 键盘命令：XLINE↙。

② 菜单选项："绘图"→"构造线"。

③ 工具按钮：绘图工具栏→"构造线"。

④ 功能区面板："常用"→"绘图"→"构造线"。

(2) 说明。

① 构造线命令用于绘制无限长直线，与射线类似，可以使用无限延伸的线来创建构造线和参考线，并且配合修剪命令来编辑图形。

② 构造线是一种没有始点和终点的无限长直线。它通常被用作辅助绘图线，并单独地放在一层中。

③ 可以绘制水平、垂直、与 X 轴成一定角度、或任意的构造线，还可以绘制平分一已知角的构造线、平行构造线。

3) 绘制徒手线对象

在图形绘制中，有时需要绘制一些不规则线段或图形，如局部剖面、等高线、云状说明、道路、河流等，以满足特殊需要。徒手线对象占用存储空间多，建议少用。

(1) 执行方式。

键盘命令：SKETCH✓。

(2) 命令提示。

　　　　记录增量<缺省值>：(输入记录增量)

　　　　徒手画。画笔(P)/退出(X)/结束(Q)/记录(R)/删除(E)/连接(C)/接续(.)

　　　　(输入 P、X、Q、R、E、C 或 .)

各功能参数解释如下：

➢ 画笔(P)：输入 P，设置画笔状态。落笔或抬笔相互交替切换，落笔后移动光标可徒手画线，抬笔后可结束徒手画线。

➢ 退出(X)：输入 X，保存草图，并结束 SKETCH 命令。

➢ 结束(Q)：输入 Q，不保存草图，并结束 SKETCH 命令。

➢ 记录(R)：输入 R，保存草图，但不结束 SKETCH 命令。

➢ 删除(E)：输入 E，逆序逐一擦除未记录草图，并抬笔。

➢ 连接(C)：输入 C，从前一次草图终点开始落笔并徒手画线。

➢ 接续(.)：输入小数点，绘制从前一草图终点到当前光标位置的直线段，并抬笔。

(3) 绘制步骤提示。

第一种方法：

① 在命令提示下，输入 SKETCH。

② 按【Enter】键接受最后保存的类型、增量和公差值。

③ 将光标移至绘图区域中开始绘制草图。

④ 移动定点设备时，将会绘制指定长度的徒手线段。在命令运行期间，徒手线以另一种颜色显示。

⑤ 单击以暂停绘制草图。

⑥ 可以单击新起点，从新的光标位置处重新开始绘图。

⑦ 按【Enter】键完成草图。

第二种方法：

① 在命令提示下，输入 SKETCH。

② 单击并按住鼠标以开始绘制草图，然后移动光标，释放以暂停绘制草图。

③ 必要时可重复上一步。

④ 按【Enter】键完成草图。

注：SKETCH 不接受坐标输入。

(4) 说明。

① 根据图形情况，要随时落笔或抬笔，但所绘草图并未保存到图形中，要及时将已绘草图记录到图形中。

② 若发现草图不正确，则要及时擦除。

③ 草图的光滑程度取决于记录增量的大小，增量越大，草图越光滑，但存储开销也随之增加。

④ 在执行 SKETCH 命令时，一般要关闭正交模式。

## 任务 2　绘制机房建筑及设施常用图例

### 一、任务目标

(1) 掌握多线、多段线、图案填充命令。
(2) 能使用多线、多段线、图案填充命令绘制机房建筑及设施常用图例。

### 二、任务描述

绘制机房建筑及设施常用图例。

### 三、任务解析

首先新建绘图文件，灵活运用绘图模式、对象捕捉、自动追踪和动态输入功能，使用绘图命令，完成机房建筑及设施常用图例的绘制。

### 四、相关知识

#### 1. 绘图命令：多线、多段线

1) 绘制多线对象

多线也称复合线，用户可绘制双线、三线、四线及多线对象。多线由多条平行线组成(见图 1.2-21 所示)，组成多线的平行线可具有不同的颜色和线型属性，缺省的多线样式为双线。用户可定义新的多线样式，可对多线进行编辑修改，以满足实际需要。在工程设计中，可用多线功能快速、方便地绘制墙体、街道、管线等图形。

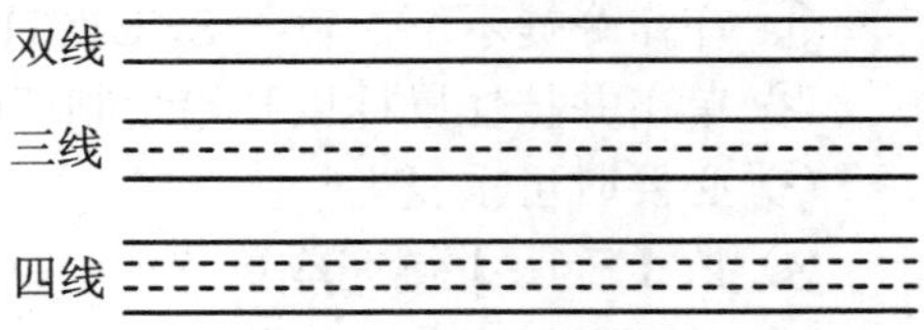

双线 ==================

三线 -------------------

四线 -------------------

图 1.2-21　多线示例

(1) 执行方式。
① 键盘命令：MLINE↙。
② 菜单选项："绘图"→"多线"。
(2) 命令提示。

当前设置：对正 = 上，比例 = 20.00，样式 = STANDARD

指定起点或[对正(J)/比例(S)/样式(ST)]: (输入 J、S、ST 或起点)

第一行指出当前多线的对齐方式、缩放系数和样式，第二行开始绘制多线。各功能参数解释如下：

➤ 指定起点：输入起点，命令提示如下：

指定下一点: (输入下一点)

指定下一点或[放弃(U)]: (输入下一点或 U)

指定下一点或[闭合(C)/放弃(U)]：(输入下一点、C 或 U)

- ◇ 指定下一点：输入下一点，绘制直线。
- ◇ 闭合：输入 C，绘制到起点的封闭线。
- ◇ 放弃：输入 U，取消前一线段。
- ➢ 对正(J)：输入 J，设置多线对齐方式，命令提示如下：

  输入对正类型[上(T)/无(Z)/下(B)] <上>：(输入 T、Z 或 B)

- ◇ 上：输入 T，设置顶对齐方式，表示绘制多线时顶线随光标移动。
- ◇ 无：输入 Z，设置中线对齐方式，表示绘制多线时中心随光标移动。
- ◇ 下：输入 B，设置底对齐方式，表示绘制多线时底线随光标移动。
- ➢ 比例(S)：输入 S，设置多线缩放系数，缺省为 20.00，命令提示如下：

  输入多线比例<20.00>：(输入新缩放系数)

- ➢ 样式(ST)：输入 ST，设置多线样式，命令提示如下：

  输入多线样式名或 [?]：(输入线型名或？)

(3) 说明。

① 输入"？"时，列出多线样式清单，供用户选择。

② 缺省多线样式为"STANDARD"，多线是间距为 1 的平行线。

2) 定义多线样式

(1) 执行方式。

① 键盘命令：MLSTYLE↙。

② 菜单选项："格式"→"多线样式"。

(2) 命令提示。

打开"多线样式"对话框，如图 1.2-22 所示。

图 1.2-22 "多线样式"对话框

① 当前多线样式：给出当前多线样式名称。缺省名称为"STANDARD"。

② 说明：给出当前多线样式的详细说明。

③ 样式(S)：列出已经定义的多线样式清单，可从中选择一个样式进行操作(置为当前、修改、重命名、删除等)。

④ 置为当前(U)：该项为命令按钮。单击该按钮，可将选中的多线样式置为当前样式。

⑤ 修改(M)：该项为对话框按钮。单击该按钮，可修改选中多线样式的有关参数。

⑥ 重命名(R)：该项为命令按钮。单击该按钮，可更改选中多线样式的名称。

⑦ 删除(D)：该项为命令按钮。单击该按钮，可将选中的多线样式删除。

⑧ 加载(L)：该项为对话框按钮，从多线库文件(acad.mln)中加载已定义的其他多线样式。单击该按钮，弹出"加载多线样式"对话框，如图 1.2-23 所示。

⑨ 保存(A)：该项为对话框按钮，可将当前定义的多线样式存入指定的多线库文件(.mln)中。单击该按钮，屏幕上弹出"保存多线样式"对话框，指定库文件名，单击"确定"按钮即可。

⑩ 新建(N)：该项为对话框按钮，可创建新的多线样式。单击该按钮，弹出"创建新的多线样式"对话框，如图 1.2-24 所示，选择基础样式，输入新的样式名称。单击"继续"按钮，弹出"新建多线样式"对话框，如图 1.2-25 所示，根据提示设置该多线的有关参数。

图 1.2-23  "加载多线样式"对话框　　　　图 1.2-24  "创建新的多线样式"对话框

图 1.2-25  "新建多线样式"对话框

➢ 说明(P)：该项为文本框，可在其中键入该多线的详细说明文字。

➢ 图元(E)：用于设置多线元素的特性参数。单击"添加"按钮，添加一条平行线；单击"删除"按钮，删除某条平行线。根据提示可设置多线中直线的相对位置、颜色、线型。

➢ 封口：用于设置多线的特性参数。根据提示可设置多线起点和终点的封口方式(见表1.2-2)。

➢ 填充：打开此开关，则用指定颜色填充所绘的多线。

➢ 显示连接(J)：打开此开关，则在转折处显示交线。

表 1.2-2　多线封口、连接和填充方式

| 均不打开 | ⊓ | 内弧方式打开 | ⊓ |
|---|---|---|---|
| 连接方式打开 | ⊓ | 角度方式打开 | ⊓ |
| 直线方式打开 | ⊓ | 填充方式打开 | ⊓ |
| 外弧方式打开 | ⊓ | | |

3) 绘制多段线对象

多段线也称多义线。二维多段线是由不同宽度的直线和圆弧组成的连续线段。多段线可看成一个独立对象，对其进行编辑、修改、删除等操作，也可用拟合形式将其变为光滑曲线。多段线是作为单个对象创建的相互连接的序列直线段，可以创建直线段、圆弧段或两者的组合线段。

绘制由等宽或不等宽的直线和圆弧组成的多线段对象，如图 1.2-26 所示。

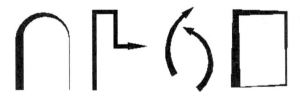

图 1.2-26　多段线

(1) 执行方式。

① 键盘命令：PLINE✓。

② 菜单选项："绘图" → "二维多段线"。

③ 工具按钮：绘图工具栏 → "二维多段线"。

④ 功能区面板："常用" → "绘图" → "二维多段线"。

(2) 命令提示。

指定起点：(输入起点)

当前线宽为 0.0000

指定下一个点或[圆弧(A)/闭合(C)/半宽(H)/长度(L)/放弃(U)/宽度(W)]：(输入下一点、A、H、L、U 或 W)

各功能参数解释如下：

➢ 指定下一个点：输入下一点坐标，绘制直线段。

➢ 闭合(C)：输入 C，绘制从起点到起点的封闭直线段。

➢ 半宽(H)：输入 H，设置半宽度值。命令提示如下：

指定起点半宽<0.0000>：(输入起始半宽度值)

指定端点半宽<5.0000>：(输入终止半宽度值)

➢ 长度(L)：输入 L，绘制给定长度的直线或切线。命令提示如下：

指定直线的长度：(输入直线段或切线段长度值)

➢ 放弃(U)：输入 U，删除前一次绘制的线段。

➢ 宽度(W)：输入 W，设置线段宽度(起始宽度、终止宽度)。命令提示如下：

指定起点宽度 <0.0000>：(输入起始宽度值)

指定端点宽度 <10.0000>：(输入终止宽度值)

➢ 圆弧(A)：输入 A，绘制圆弧段。命令提示如下：

指定圆弧的端点或 [角度(A)/圆心(CE)/闭合(CL)/方向(D)/半宽(H)/直线(L)/半径(R)/

第二个点(S)/放弃(U)/宽度(W)]：(输入端点、A、CE、CL、D、H、L、R、S、U 或 W)

✧ 指定圆弧的端点：输入端点，根据两点绘制与前一线段相切的圆弧。

✧ 角度(A)：输入 A，根据包含角绘制圆弧，有 3 种方法。

(a) 通过包含角和端点绘制圆弧，命令提示如下：

指定包含角：(输入包含角)

指定圆弧的端点或 [圆心(CE)/半径(R)]：(输入端点)

(b) 通过包含角和圆心绘制圆弧，命令提示如下：

输入包含角：(输入包含角)

指定圆弧的端点或[圆心(CE)/半径(R)]：CE↙

指定圆弧的圆心：(输入圆心)

(c) 通过包含角和半径绘制圆弧，命令提示如下：

输入包含角：(输入包含角)

指定圆弧的端点或[圆心(CE)/半径(R)]：R↙

指定圆弧的半径：(输入半径)

指定圆弧的弦方向<缺省值>：(输入弦方向角)

✧ 圆心(CE)：输入 CE，根据圆心绘制圆弧，有 3 种方法。

(a) 通过圆心和终点绘制圆弧，命令提示如下：

指定圆弧的圆心：(输入圆心点)

指定圆弧的端点或[角度(A)/长度(L)]：(输入终点)

(b) 通过圆心和包含角绘制圆弧，命令提示如下：

指定圆弧的圆心：(输入圆心点)

指定圆弧的端点或[角度(A)/长度(L)]：A↙

指定包含角：(输入包含角)

(c) 通过圆心和弦长绘制圆弧，命令提示如下：

  指定圆弧的圆心：(输入圆心点)

  指定圆弧的端点或[角度(A)/长度(L)]：L↙

  指定弦长：(输入弦长)

❖ 闭合(CL)：输入 CL，绘制从起点到起点的封闭圆弧段。

❖ 方向(D)：输入 D，根据切线方向角和端点绘制圆弧。命令提示如下：

  指定圆弧的起点切向：(输入切线方向)

  指定圆弧的端点：(输入端点)

❖ 半宽(H)：输入 H，设置半宽值，同直线段半宽值设置。

❖ 直线(L)：输入 L，从绘圆弧方式转换为绘直线方式。

❖ 半径(R)：输入 R，根据半经绘制圆弧，有 2 种方法。

(a) 通过半径和终点绘制圆弧，命令提示如下：

  指定圆弧的半径：(输入半径)

  指定圆弧的端点或[角度(A)]：(输入终点)

(c) 通过半径和包含角绘制圆弧，命令提示如下：

  指定圆弧的半径：(输入半径)

  指定圆弧的端点或[角度(A)]：A↙

  输入包含角：(输入包含角)

  指定圆弧的弦方向<80>：(输入弦方向角)

❖ 第二个点：输入 S，根据三点绘制圆弧，命令提示如下：

  指定圆弧上的第二个点：(输入第 2 个点)

  指定圆弧的端点：(输入终点)

❖ 放弃(U)：输入 U，删除上一次绘制的圆弧。

❖ 宽度(W)：输入 W，设置宽度，同直线段宽度设置。

(3) 主要应用范围：

① 在夹点编辑后，顶点将保持连接；

② 绝对线宽(作为相对线宽的替代)可以是常量，也可以沿线段倾斜；

③ 作为一个单位移动和复制多段线；

④ 作为单个对象轻松创建矩形和多边形；

⑤ 跨顶点非连续性线型的智能应用程序；

⑥ AutoCAD 中三维实体的简单拉伸。

4) 操作练习

教材第二部分练习 7。绘制过程如下：

  命令：PL↙

  指定起点：(用鼠标在绘图区域左键单击指定一点)

  当前线宽为 0.0000↙

  指定下一个点或 [圆弧(A)/半宽(H)/长度(L)/放弃(U)/宽度(W)]：200↙

  指定下一点或 [圆弧(A)/闭合(C)/半宽(H)/长度(L)/放弃(U)/宽度(W)]：W↙

  指定起点宽度 <0.0000>：80↙

指定端点宽度 <80.0000>: 0↙

指定下一点或 [圆弧(A)/闭合(C)/半宽(H)/长度(L)/放弃(U)/宽度(W)]: 100↙

指定下一点或 [圆弧(A)/闭合(C)/半宽(H)/长度(L)/放弃(U)/宽度(W)]: W↙

指定起点宽度 <0.0000>: 120↙

指定端点宽度 <120.0000>: 120↙

指定下一点或 [圆弧(A)/闭合(C)/半宽(H)/长度(L)/放弃(U)/宽度(W)]: 10↙

指定下一点或 [圆弧(A)/闭合(C)/半宽(H)/长度(L)/放弃(U)/宽度(W)]: W↙

指定起点宽度 <120.0000>: 0↙

指定端点宽度 <0.0000>: 0↙

指定下一点或 [圆弧(A)/闭合(C)/半宽(H)/长度(L)/放弃(U)/宽度(W)]: 200↙

指定下一点或 [圆弧(A)/闭合(C)/半宽(H)/长度(L)/放弃(U)/宽度(W)]: W↙

指定起点宽度 <0.0000>: 80↙

指定端点宽度 <80.0000>: 80↙

指定下一点或 [圆弧(A)/闭合(C)/半宽(H)/长度(L)/放弃(U)/宽度(W)]: 150↙

指定下一点或 [圆弧(A)/闭合(C)/半宽(H)/长度(L)/放弃(U)/宽度(W)]: W↙

指定起点宽度 <80.0000>: 0↙

指定端点宽度 <0.0000>: 0↙

指定下一点或 [圆弧(A)/闭合(C)/半宽(H)/长度(L)/放弃(U)/宽度(W)]: 200↙

指定下一点或 [圆弧(A)/闭合(C)/半宽(H)/长度(L)/放弃(U)/宽度(W)]: W↙

指定起点宽度 <0.0000>: 120↙

指定端点宽度 <120.0000>: 120↙

指定下一点或 [圆弧(A)/闭合(C)/半宽(H)/长度(L)/放弃(U)/宽度(W)]: 10↙

指定下一点或 [圆弧(A)/闭合(C)/半宽(H)/长度(L)/放弃(U)/宽度(W)]: W↙

指定起点宽度 <120.0000>: 0↙

指定端点宽度 <0.0000>: 0↙

指定下一点或 [圆弧(A)/闭合(C)/半宽(H)/长度(L)/放弃(U)/宽度(W)]: 10↙

指定下一点或 [圆弧(A)/闭合(C)/半宽(H)/长度(L)/放弃(U)/宽度(W)]: W↙

指定起点宽度 <0.0000>: 120↙

指定端点宽度 <120.0000>: 120↙

指定下一点或 [圆弧(A)/闭合(C)/半宽(H)/长度(L)/放弃(U)/宽度(W)]: 10↙

指定下一点或 [圆弧(A)/闭合(C)/半宽(H)/长度(L)/放弃(U)/宽度(W)]: W↙

指定起点宽度 <100.0000>: 20↙

指定端点宽度 <20.0000>: 20↙

指定下一点或 [圆弧(A)/闭合(C)/半宽(H)/长度(L)/放弃(U)/宽度(W)]: 100↙

指定下一点或 [圆弧(A)/闭合(C)/半宽(H)/长度(L)/放弃(U)/宽度(W)]: A↙

指定圆弧的端点(按住 Ctrl 键以切换方向)或

[角度(A)/圆心(CE)/闭合(CL)/方向(D)/半宽(H)/直线(L)/半径(R)/第二个点(S)/放弃(U)/宽度(W)]:

180

指定圆弧的端点(按住 Ctrl 键以切换方向)或

[角度(A)/圆心(CE)/闭合(CL)/方向(D)/半宽(H)/直线(L)/半径(R)/第二个点(S)/放弃(U)/宽度(W)]:
(结束命令)

### 2. 图案填充

1) 填充边界

在进行图案和渐变填充时，首先要确定封闭的填充边界。填充边界是由直线、射线、构造线、多义线、样条曲线、圆、圆弧、椭圆、椭圆弧、面域等对象或用这些对象定义的块确定的封闭线框(粗线，见图 1.2-27)，定义填充区域的对象为边界对象。边界对象必须与当前 UCS 的 XOY 平面平行，且在绘图区域可见。

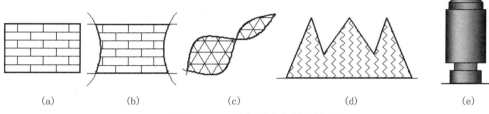

图 1.2-27　填充图案和填充边界

2) 普通填充图案

以 AutoCAD 软件预定义或用户自定义的表达一定意义的图形作为普通填充图案，这些填充图案实际上是由一条或两条(一般相交)特定线型的重复线条组成的，如图 1.2-28(a)，1.2-28(b)，1.2-28(c)，1.2-28(d)所示。预定义图案有四种类型：ANSI 图案、ISO 图案、其他预定义图案和自定义图案。每类图案又有多种，共有 80 多种图案。

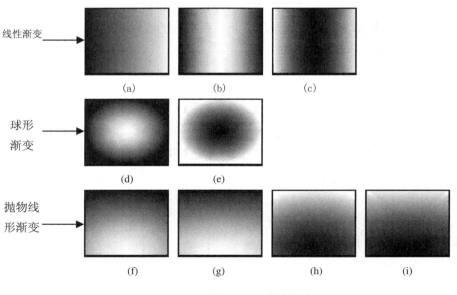

图 1.2-28　渐变图案

3) 渐变填充图案

以 AutoCAD 软件预定义的、使用单色或双色的平滑渐变来表现光线逐渐减弱的色块作为渐变填充图案,如图 1.2-28(e)所示。渐变填充图案有三种类型:线性渐变、球形渐变和抛物线形渐变。每类图案又各有几种图案,故共有 9 种图案,如图 1.2-28 所示。

4) 填充方式

AutoCAD 2010 提供了 3 种填充方式,分别是:

(1) 一般方式(N 方式):该方式为缺省方式,从最外层填充边界开始,由外向里进行填充,遇到内部对象与之相交时即停止填充,再继续向里直到再次遇到对象与之相交时继续填充,从最外层边界向里的奇数区域被填充,偶数区域不被填充,如图 1.2-29(b)所示。

(2) 最外层方式(O 方式):从最外层填充边界开始,由外向里填充,遇到内部孤岛中止填充,如图 1.2-29(c)所示。

(3) 忽略方式(I 方式):填充整个外层区域,忽略边界内的所有孤岛,如图 1.2-29(d)所示。

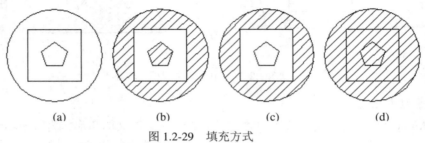

(a)          (b)          (c)          (d)

图 1.2-29  填充方式

5) 孤岛

将填充区域内的封闭区域称为孤岛。用 BHATCH 命令填充图案时,可通过点取方式自动识别填充边界,也可用手工选取填充边界。使用"普通孤岛检测"时,如果指定所示的内部拾取点,则孤岛保持为不进行图案填充,而孤岛内的孤岛将进行图案填充。

6) 图案填充与特殊对象的关系

填充区域中,如果包含有文本(Text)、形(Shape)和属性,则按"最外层"方式填充;如果包含有平面实体(Solid)和等宽线(Trace),则按"忽略方式"填充。

7) 使用键盘命令填充图案

(1) 键盘命令执行:-HATCH↙。命令提示如下:

    当前填充图案:图案名,填充方式

    指定内部点或[特性(P)/选择对象(S)/绘图边界(W)/删除边界(B)/高级(A)/绘图次序(DR)/原点(O)/注释性(AN)]:(拾取填充区域内部点或输入 P、S、W、B、A、DR、O、AN)

➢ 指定内部点:在填充边界内的任意位置拾取点,自动识别检测所有孤岛,并按当前填充图案名和填充方式填充图案。

➢ 特性(P):输入 P,设置预定义填充图案、实体或用户定义图案为当前填充图案,同时根据需要设置填充方式为当前填充方式。命令提示如下:

    输入图案名或[?/实体(S)/用户定义(U)]< 缺省图案名>:(输入图案名、?、S、或 U)

◇ 输入图案名:输入预定义图案名,设置预定义填充图案为当前填充图案,以及设置图案缩放比例和图案角度。若图案名后跟",N"、",I"、或",O",则同时设置填充方式为当前填充方式，如图 1.2-30(b)所示。

◇ ?：输入 ?：列出 AutoCAD 2010 预定义的全部图案。

◇ 实体(S)：输入 S，设置实体颜色填充图案(solid)，如图 1.2-30(c)所示。

◇ 用户定义(U)：输入 U，设置用户定义图案(水平线，十字线)为当前填充图案，以及设置用户定义图案倾斜角度、线间行距、是否十字线，如图 1.2-30(d)所示。

➢ 选择对象(S)：输入 S，用手工(鼠标)在绘图区选择填充边界。

➢ 绘图边界(W)：输入 W，用手工(鼠标)指定新的填充边界。命令提示如下：

是否保留多段线边界？[是(Y)/否(N)] <N>：(输入 Y 或 N)

指定起点：(拾取起点)

指定下一个点或[圆弧(A)/长度(L)/放弃(U)]：(拾取下一点或输入 A、L、U)

……

指定下一个点或[圆弧(A)/闭合(C)/长度(L)/放弃(U)]：C✓

指定新边界的起点或<接受>：(拾取新边界起点或键入回车键接受)

说明：用类似绘制二维多义线的方法绘制临时封闭边界时，每一封闭边界要用 Close 选项封闭；可绘制多个封闭边界，最后键入回车键将指定图案填充到封闭区域。

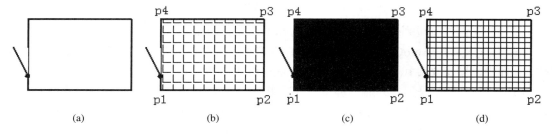

(a)　　　　(b)　　　　(c)　　　　(d)

图 1.2-30　封闭区域填充

➢ 删除边界(B)：输入 B，从边界定义中删除之前添加的任何边界对象。

➢ 高级(A)：输入 A，设置边界集、保留边界、孤岛检测、样式、关联、允许的间隙、独立的图案填充等高级填充特性。

➢ 绘图次序(DR)：输入 DR，为图案填充指定绘图次序。图案填充可以放在所有其他对象之后或所有其他对象之前、图案填充边界之后或图案填充边界之前。

8) 使用对话框填充图案

(1) 执行方式。

① 键盘命令：BHATCH 或 HATCH✓。

② 菜单选项："绘图" → "图案填充"。

③ 工具按钮：绘图工具栏→"图案填充"。

④ 功能区面板："常用" → "绘图" → "图案填充"。

(2) 命令提示。

屏幕上弹出"图案填充和渐变色"对话框，如图 1.2-31 所示，单击左下角"更多选项"按钮，扩展对话框，列出"孤岛检测"、"边界保留"、"边界集"、"允许的间隙"等选项，根据提示完成选择填充图案、指定填充边界、确定填充方式和实施填充等操作。

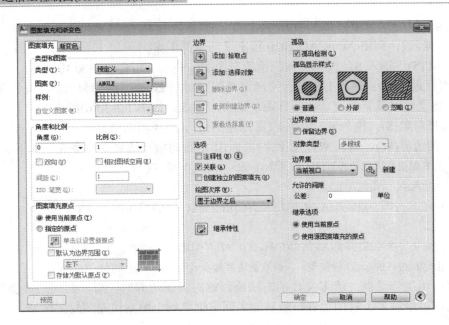

图 1.2-31 "图案填充和渐变色"对话框

① 类型(Y)：下拉列表框，从列表中选择填充图案类型，有三种类型：

(a) 预定义：由 AutoCAD 系统提供，有 80 多种，保存在 ACAD.PAT 和 ACADISO.PAT 图案文件中，图案文件可用文本编辑器对其进行编辑修改。

(b) 用户定义：采用用户临时定义的简单图案，该图案有一组或两组相互垂直的等宽平行线组成，可指定间距和角度。用临时定义的图案进行填充时，用户定义图案只能使用一次。

(c) 自定义：用户预先定义并保存在"*.PAT"文件中的图案。

② 图案(P)：下拉列表框，从列表中选择预定义图案，最近使用的预定义图案出现在顶部，也可单击右边按钮，弹出"图案填充选项板"对话框，该对话框以可视化形式给出所有预定义图案，从中选择填充图案即可。列表框下面给出当前填充图案样例。预定义图案有 3 类：ANSI 图案、ISO 图案和其他预定义图案，如图 1.2-32 所示。

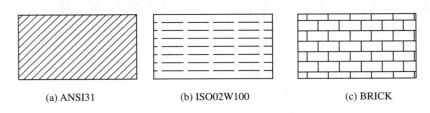

(a) ANSI31          (b) ISO02W100          (c) BRICK

图 1.2-32 预定义的三类填充图案

③ 自定义图案(M)：下拉列表框，从列表中选择用户自定义 PAT 文件中的图案。当选择"自定义"类型时，该项有效。PAT 文件应事先添加到 AutoCAD 软件的搜索路径。

④ 角度(G)：输入角度，设置图案倾斜角度，如图 1.2-33 所示。

⑤ 比例(S)：输入缩放比例，按比例缩放图案，以获得理想效果，如图 1.2-33 所示。

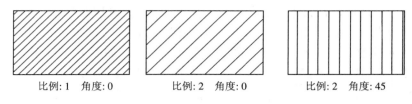

比例：1  角度：0          比例：2  角度：0          比例：2  角度：45

图 1.2-33  填充图案倾斜角度和缩放比例

⑥ 间距(C)：文本框，输入间距值，设置用户定义图案的线段间距。

⑦ 双向(U)：复选框，选择该项，设置用户定义图案为相互垂直的两组线。

⑧ ISO 笔宽(O)：下拉列表框，列表中给出允许的笔宽值，从列表中选择笔宽。只有选择了"ISO 预定义"图案，才会允许选择笔宽。

⑨ 添加：拾取点：命令按钮，单击该按钮，关闭对话框，拾取填充区域内一点，AutoCAD 系统根据孤岛检测样式和检测方式自动计算填充区域的封闭边界，以及填充区域内的所有孤岛，并用虚线显示封闭边界和孤岛。允许同时拾取多个填充区域内的点，获得多个填充区域和孤岛，从而完成多区域的图案填充。按回车键则返回对话框。

⑩ 添加：选择对象：命令按钮，单击该按钮关闭对话框，选择填充区域的边界对象，以及区域内孤岛的边界对象。边界对象一般要首尾相连，否则不能正确填充，如图 1.2-34 所示。

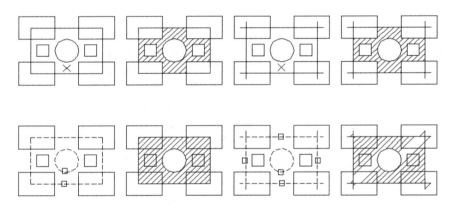

图 1.2-34  选择边界对象

⑪ 删除边界(D)：命令按钮，只有当使用"拾取点"方式后，该按钮才可用，单击该按钮可删除部分已检测到的孤岛。

⑫ 查看选择集(V)：命令按钮，只有当使用"拾取点"和"选择对象"方式选择了边界对象后，该按钮才可用。单击该按钮关闭对话框，进入绘图区域，查看选择集(虚线表示)，键入回车键或单击右键返回对话框。

⑬ 继承特性：命令按钮，单击该按钮允许用户选择已填充图案，并将其复制到指定填充区域。继承特性功能类似通常软件的"格式刷"功能。

⑭ 绘图次序(W)：下拉列表框，设置所填充的图案与图形中其他图形对象的顺序关系。有五种供选择的顺序关系：不指定(不指定顺序关系)、后置(所有其他对象之后)、前置(所有其他对象之前)、置于边界之后(填充边界之后)、置于边界之前(填充边界之前)。

⑮ 关联(A)：复选框，若选择，则建立填充图案与边界的关联关系，即编辑修改边界，填充图案随边界变化而变化，如图 1.2-35(b)所示；若不选择，则建立填充图案与边界的非关联关系，即编辑修改边界，填充图案不随边界变化而变化，如图 1.2-35(c)所示。

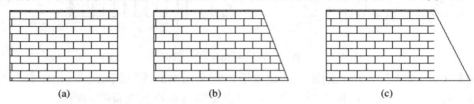

图 1.2-35　图案与填充边界的关联关系和非关联关系

⑯ 注释性(N)：复选框，若选择，则指定填充图案为注释性对象。

⑰ 预览：命令按钮，单击该按钮，显示填充效果，然后键入回车键返回。

⑱ 孤岛检测(L)：单选按钮，单击有关按钮设置孤岛显示样式，系统提供三种显示样式(普通、外部和忽略)，在"高级"选项卡内设置即可。

⑲ 保留边界(S)：复选框，选择该项，则将填充时形成的临时边界添加到图形中，生成新的边界对象(有两种：面域和多段线)。

⑳ 边界集：下拉列表框，列表中给出"当前视口"和"现存选择集"，用鼠标在下拉列表框中选择。单击右边新建按钮，建立新的填充边界。

㉑ 允许的间隙：文本框，键入填充边界最大允许的间隙，可将非封闭填充边界视为封闭填充边界，如图 1.2-36 所示。默认值为 0，填充边界必须绝对闭合。任何小于等于指定值的间隙都将被忽略，需将边界视为封闭。也可通过系统变量 HPGAPTOL 设置间隙值。

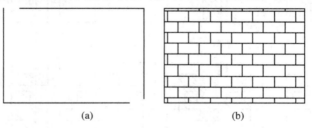

图 1.2-36　对非闭合填充边界实施图案填充

**9) 编辑填充图案**

(1) 执行方式。

① 键盘命令：HATCHEDIT↙。

② 菜单选项："修改"→"对象"→"图案填充"。

③ 工具按钮："修改Ⅱ"工具条→单击图标，即"编辑图案填充"。

④ 功能区面板："常用"→"修改"→"编辑图案填充"。

⑤ 快捷菜单：单击右键→快捷菜单→"编辑图案填充"。

(2) 命令提示。

"图案填充编辑"对话框与"图案填充和渐变色"对话框相同，但只允许编辑有关特性，如类型、图案、样例、角度、比例、继承特性、关联、预览和孤岛检查样式。编辑修改有关特性，单击"确定"按钮即可修改填充图案。

10) 图案填充或填充大量闭合对象的步骤

图案填充或填空大量闭合对象的步骤如下：

(1) 使用窗口、交叉或栏选方法，选择要图案填充或填充的所有闭合对象。或者，选择一个闭合对象，单击鼠标右键，然后从快捷菜单中选择"选择类似对象"。

(2) 启动图案填充(或 -HATCH)命令，然后选择任意选项或设置。

(3) 如有必要，请指定"选择对象"选项。

(4) 在提示下输入 p(上一个)，然后按【Enter】键。

## 五、任务实施

结合已学到的知识绘制机房建筑及设施常用图例中具有代表性的一些图例，如表 1.2-3 所示，更多图例请参考附录 C。

表 1.2-3　机房建筑及设施常用图例

| 序号 | 名称 | 图例 | 序号 | 名称 | 图例 |
|---|---|---|---|---|---|
| 1 | 百叶窗 | 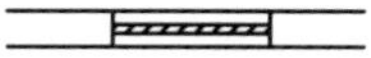 | 4 | 电梯 |  |
| 2 | 标高 | 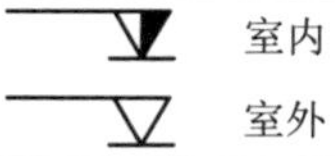 室内 / 室外 | 5 | 推拉窗 |  |
| 3 | 单层固定窗 |  | 6 | 楼梯 |  上 |

## 六、任务小结

本任务介绍了多线、多段线图案填充命令以及用法，读者可通过练习机房建筑及设施常用图例来掌握绘制的方法。在绘制各类图例过程中，绘制方法往往有多种，读者需要有效地利用对象捕捉、自动追踪以及动态输入等功能，不断积累绘图技巧，节约绘图时间，提供绘图效率。

## 七、拓展提高

### 1．绘制修订云线对象

在绘图过程中，经常需要检查或圈阅图形的特定部位。使用修订云线功能来标记所检查或圈阅的内容，可提高图形审查的工作效率，如图 1.2-37 所示。

修订云线是由多条连续圆弧组成的多段线，可通过 REVCLOUD 命令创建修订云线对象，也可将闭合对象(如：圆、椭圆、多段线或闭合样条曲线)转换为修订云线。

用户可以为修订云线的弧长设置默认的最小值和最大值。绘制修订云线对象时，可以使用拾取点选择较短的弧线段来更改圆弧的大小，也可以通过调整拾取点来编辑修订云线的单个弧长和弦长。

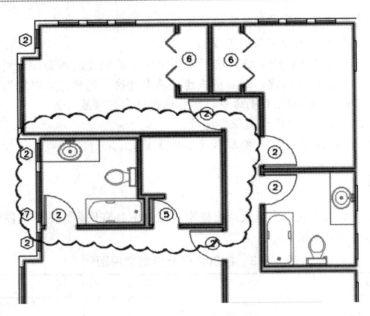

图 1.2-37 修订云线

1) 执行方式

① 键盘命令：REVCLOUD✓。

② 菜单选项："绘图"→"修订云线"。

③ 工具按钮：绘图工具栏→"修订云线"。

④ 功能区面板："常用"→"绘图"→"修订云线"。

2) 命令提示

最小弧长：5    最大弧长：15    样式：普通

指定起点或[弧长(A)/对象(O)/样式(S)]〈对象〉：(输入起点、A、O 或 S)

➢ 指定起点：输入修订云线的起始点，然后拖动鼠标沿期望的云线路径移动十字光标，直到与起点相遇，修订云线对象绘制完成，绘图区显示修订云线对象(轮廓线)。命令提示如下：

沿云线路径引导十字光标……

修订云线完成

说明：圆弧可随光标移动自动产生(在最小弧长和最大弧长之间)，也可在适当点位置拾取鼠标确定圆弧。如果设置的最小弧长和最大弧长相同，则生成的云线中圆弧大小一样。

➢ 弧长(A)：输入 A，指定修订云线中的最小弧长和最大弧长，该弧长决定修订云线的轮廓形状和效果。命令提示如下：

指定最小弧长<5>：(输入最小弧长值)

指定最大弧长<15>：(输入最大弧长值)

说明：最大弧长不能大于最小弧长的 3 倍。

➢ 对象(O)：输入 O，选择要转换的闭合对象，将其转换为修订云线对象，如图 1.2-38(a)所示。命令提示如下：

选择对象：(选择闭合对象)

反转方向[是(Y)/否(N)] <否>：(输入 Y 或 N)

修订云线完成

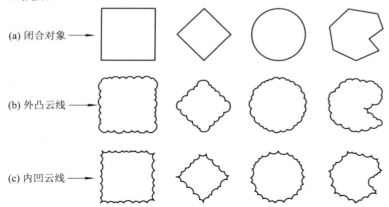

图 1.2-38　闭合对象转换后修订云线(不反转、反转)

　　说明：若输入 Y，则修订云线圆弧向外反转，称为内凹云线，如图 1.2-38(c)所示；若输入 N 或按【Enter】键，则圆弧不反转，保留原样，称为外凸云线，如图 1.2-38(b)所示。

　　➤ 样式(S)：输入 S，设置修订云线圆弧样式为普通或手绘，如图 1.2-39 所示。命令提示如下：

　　选择圆弧样式[普通(N)/手绘(C)] <普通>：(输入 N 或 C)

　　◇ 普通(N)：输入 N，设置圆弧样式为普通样式，圆弧为等宽线段。

　　◇ 手绘(C)：输入 C，设置圆弧样式为手绘样式，圆弧为不等宽线段。

(a) 手绘云线　　　　(b) 无宽度的普通云线　　　(c) 有宽度的普通云线

图 1.2-39　不同类型修订云线

　　说明：不管是普通类型云线，还是手绘类型云线，均可用多段线修改命令(PEDIT)修改线宽、编辑顶点、拟合曲线等。

## 任务 3　绘制通信管道及通信杆路常用图例

## 一、任务目标

(1) 掌握矩形、正多边形、圆、圆弧的命令。

(2) 能使用所学的命令绘制通信管道及通信杆路常用图例。

## 二、任务描述

绘制通信管道及通信杆路常用图例。

## 三、任务解析

首先新建绘图文件，灵活运用绘图模式、对象捕捉、自动追踪和动态输入功能，使用绘图命令，完成通信管道及通信杆路常用图例的绘制。

## 四、相关知识

### 1. 绘图命令：矩形

绘制矩形对象。矩形对象是一个封闭的多段线对象。

1) 执行方式

① 键盘命令：RECTANG✓。

② 菜单选项："绘图"→"矩形"。

③ 工具按钮：绘图工具栏→"矩形"。

④ 功能区面板："常用"→"绘图"→"矩形"。

2) 命令提示

指定第一个角点或[倒角(C)/标高(E)/圆角(F)/厚度(T)/宽度(W)]：(输入矩形顶点、C、E、F、T 或 W)

➤ 倒角(C)：设置倒直角距离。

➤ 标高(E)：设置构造平面的高度。

➤ 圆角(F)：设置倒圆角半径。

➤ 厚度(T)：设置矩形厚度。

➤ 宽度(W)：设置线型宽度。

➤ 指定第一个角点：输入矩形对角线的第一个顶点坐标。命令提示如下：

     指定另一个角点或 [面积(A)/尺寸(D)/旋转(R)]：(输入矩形对角线的另一顶点、D)

✧ 指定另一个角点：输入矩形另一个顶点，绘制由第一、第二顶点确定的矩形。

✧ 面积(A)：输入 A，根据给定面积绘制矩形。

✧ 旋转(R)：输入 R，设置矩形旋转角度，按旋转角度旋转矩形。

✧ 尺寸(D)：输入 D，绘制给定长、宽值的矩形。命令提示如下：

     指定矩形的长度<缺省值>：(输入矩形长度)

     指定矩形的宽度<缺省值>：(输入矩形宽度)

3) 说明

矩形实际上是一个由 4 条直线段组成的封闭多段线对象，矩形的两组边分别与 X 轴和 Y 轴平行。使用绘制矩形命令可绘出形状多样的图形，如图 1.2-40 所示。

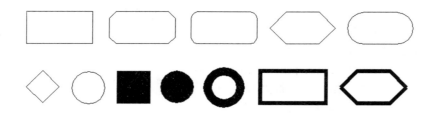

图 1.2-40　多种矩形对象

**2．绘制命令：正多边形**

正多边形是一条封闭的多段线，其线宽为 0。若改变线宽，可用 PEDIT 命令修改。正多边形的大小由边长和边数确定，也可由内接圆或外切圆的半径大小来确定，边数范围为 3～1024。

1) 执行方式

① 键盘命令：POLYGON↙。

② 菜单选项："绘图"→"多边形"。

③ 工具按钮：绘图工具栏→"多边形"。

④ 功能区面板："常用"→"绘图"→"多边形"。

2) 命令提示

命令提示如下：

　　　　输入边的数目<缺省值>：(输入边数)

　　　　指定正多边形的中心点或[边(E)]：(输入中心点或 E)

　　　　输入选项[内接于圆(I)/外切于圆(C)] <I>：(输入 I 或 C)

　　　　指定圆的半径：(输入半径)

3) 正多边形的 3 种绘制方法

(1) 根据多边形边数以及某边的两个端点绘制多边形，如图 1.2-41(a)所示。命令提示如下：

　　　　命令：POLYGON↙

　　　　输入边的数目 <缺省值>：(输入边数)

　　　　指定正多边形的中心点或 [边(E)]：E↙

　　　　指定边的第一个端点：(输入某边的第一个端点)

　　　　指定边的第二个端点：(输入某边的第二个端点)

**说明**：采用该法绘制正多边形，从第一端点到第二端点，沿逆时针方向绘制多边形。

(2) 根据多边形边数和内接圆半径绘制正多边形，如图 1.2-41(b)所示。命令提示如下：

　　　　命令：POLYGON↙

　　　　输入边的数目 <缺省值>：(输入边数)

　　　　指定正多边形的中心点或 [边(E)]：(输入中心点)

　　　　输入选项 [内接于圆(I)/外切于圆(C)] <I>：I↙

　　　　指定圆的半径：(输入半径)

(3) 根据多边形边数和外切圆半径绘制正多边形，如图 1.2-41(c)所示。命令提示如下：

命令：POLYGON↙

输入边的数目 <缺省值>：(输入边数)

指定正多边形的中心点或 [边(E)]：(输入中心点)

输入选项[内接于圆(I)/外切于圆(C)] <I>：C↙

指定圆的半径：(输入半径)

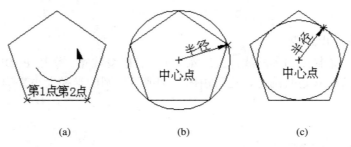

| (a) | (b) | (c) |
| --- | --- | --- |

图 1.2-41　正多边形

说明：根据内接圆、外切圆绘制多边形，如果直接从键盘输入半径值，则所绘的多边形的一条边平行与 X 轴；如果用鼠标拖动，则边的位置由鼠标拾取点决定。若为内接圆，则拾取点为两边交点；若为外切圆，则拾取点为边的中点。

**3. 绘图命令：圆**

在指定位置绘制各种圆对象。

1) 执行方式

① 键盘命令：CIRCLE↙。

② 菜单选项："绘图" → "圆"。

③ 工具按钮：绘图工具栏→ "圆"。

④ 功能区面板："常用" → "绘图" → "圆"。

2) 命令提示

指定圆的圆心或[三点(3P)/两点(2P)/相切、相切、半径(T)]：(输入圆心坐标、3P、2P 或 T)

3) 绘制圆的6种方法

(1) 圆心、半径法：通过输入圆心坐标和半径值绘制圆。命令提示如下：

指定圆的圆心或[三点(3P)/两点(2P)/相切、相切、半径(T)]：(输入圆心坐标)

指定圆的半径或 [直径(D)] <缺省值>：(输入半径值)

(2) 圆心、直径法：通过输入圆心坐标和直径值绘制圆。命令提示如下：

指定圆的圆心或[三点(3P)/两点(2P)/相切、相切、半径(T)]：(输入圆心坐标)

指定圆的半径或 [直径(D)] <缺省值>：D↙

指定圆的直径 <缺省值>：(输入圆的直径)

(3) 三点法：输入 3P，由给定的三点绘制圆。命令提示如下：

指定圆的圆心或[三点(3P)/两点(2P)/相切、相切、半径(T)]：3P↙

指定圆上的第一个点：(输入第 1 点)

指定圆上的第二个点：(输入第 2 点)

指定圆上的第三个点：(输入第 3 点)

(4) 两点法：输入 2P，由给定的两点绘制圆。命令提示如下：

指定圆的圆心或 [三点(3P)/两点(2P)/相切、相切、半径(T)]：2P↙

指定圆直径的第一个端点：(输入第 1 点)

指定圆直径的第二个端点：(输入第 2 点)

(5) 相切、相切、半径法：输入 T，通过半径和与圆相切的图形对象绘制圆。命令提示如下：

指定圆的圆心或 [三点(3P)/两点(2P)/相切、相切、半径(T)]：T↙

指定对象与圆的第一个切点：(选择第 1 个相切对象)

指定对象与圆的第二个切点：(选择第 2 个相切对象)

指定圆的半径 <缺省值>：(输入半径)

(6) 相切、相切、相切法：通过菜单选项或功能区面板按钮操作，用鼠标拾取三个相切对象绘制圆。命令提示如下：

_circle 指定圆的圆心或 [三点(3P)/两点(2P)/相切、相切、半径(T)]：_3P

指定圆上的第一个点：_tan 到 (选择第一相切对象)

指定圆上的第二个点：_tan 到 (选择第二相切对象)

指定圆上的第三个点：_tan 到 (选择第三相切对象)

4) 说明

① 可用鼠标拖动橡皮筋线绘制圆，橡皮筋长度为半径。

② 绘制与对象相切的圆时，半径必须大于等于两对象最短距离的一半，否则不能绘制圆。

③ "相切、相切、相切"法绘制圆只能通过菜单或功能区面板执行。

**4．绘图命令：圆弧**

在指定位置绘制各种圆弧。圆弧由圆心、起点、终点、弦长、方向、包含角、直径、半径中的三个参数确定。

1) 执行方式

① 键盘命令：ARC↙。

② 菜单选项："圆弧"。

③ 工具按钮：绘图工具栏→"圆弧"。

④ 功能区面板："常用"→"绘图"→"圆弧"。

2) 命令提示

命令提示如下：

指定圆弧的起点或 [圆心(C)]：(输入圆弧起点、圆心)

3) 绘制圆弧的12种方法

(1) 圆心、起点、终点法：输入圆心、起点、终点绘制圆弧。命令提示如下：

指定圆弧的起点或 [圆心(C)]：C↙

指定圆弧的圆心：(输入圆弧的圆心坐标)

指定圆弧的起点：(输入圆弧的起点坐标)

指定圆弧的端点或 [角度(A)/弦长(L)]：(输入圆弧的终点坐标)

(2) 圆心、起点、包含角法：输入圆心、起点、包含角绘制圆弧。命令提示如下：

指定圆弧的起点或 [圆心(C)]：C✓

指定圆弧的圆心：(输入圆弧的圆心坐标)

指定圆弧的起点：(输入圆弧的起点坐标)

指定圆弧的端点或 [角度(A)/弦长(L)]：A✓

指定包含角：(输入圆弧的包含角度数)

**说明**：若输入正的角度值，则从起点绕圆心沿逆时针方向绘图，否则沿顺时针方向绘图。

(3) 圆心、起点、弦长法：输入圆心、起点、弦长绘制圆弧。命令提示如下：

指定圆弧的起点或 [圆心(C)]：C✓

指定圆弧的圆心：(输入圆弧的圆心坐标)

指定圆弧的起点：(输入圆弧的起点坐标)

指定圆弧的端点或 [角度(A)/弦长(L)]：L✓

指定弦长：(输入弦长)

**说明**：若输入正的弦长值，则从起点绕圆心沿逆时针方向按弦长值绘制圆弧，否则按(圆周长−弦长值)绘制圆弧。

(4) 三点法：通过输入起点、第二个点、终点绘制圆弧，如图 1.2-42(a)所示。命令提示如下：

指定圆弧的起点或 [圆心(C)]：(输入起点)

指定圆弧的第二个点或 [圆心(C)/端点(E)]：(输入第二点)

指定圆弧的端点：(输入终点)

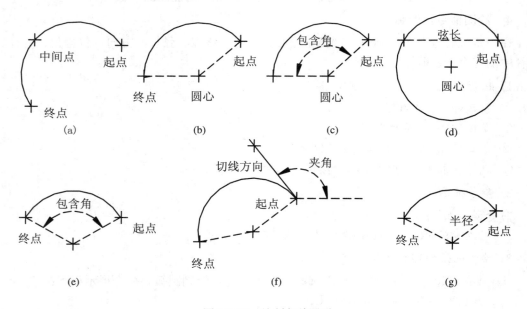

图 1.2-42　绘制各种圆弧

(5) 起点、圆心、终点法：输入起点、圆心、终点绘制圆弧，如图 1.2-42(b)所示。命令提示如下：

　　　　指定圆弧的起点或 [圆心(C)]：(输入起点)

　　　　指定圆弧的第二个点或 [圆心(C)/端点(E)]：C↙

　　　　指定圆弧的圆心：(输入圆心)

　　　　指定圆弧的端点或 [角度(A)/弦长(L)]：(输入终点)

(6) 起点、圆心、包含角法：输入起点、圆心、包含角绘制圆弧，如图 1.2-42(c)所示。命令提示如下：

　　　　指定圆弧的起点或 [圆心(C)]：(输入起点)

　　　　指定圆弧的第二个点或 [圆心(C)/端点(E)]：C↙

　　　　指定圆弧的圆心：(输入圆心)

　　　　指定圆弧的端点或 [角度(A)/弦长(L)]：A↙

　　　　指定包含角：(输入包含角)

(7) 起点、圆心、弦长法：输入起点、圆心、弦长绘制圆弧，如图 1.2-42(d)所示。命令提示如下：

　　　　指定圆弧的起点或 [圆心(C)]：(输入起点)

　　　　指定圆弧的第二个点或 [圆心(C)/端点(E)]：C↙

　　　　指定圆弧的圆心：(输入圆心)

　　　　指定圆弧的端点或 [角度(A)/弦长(L)]：L↙

　　　　指定弦长：(输入弦长)

(8) 起点、终点、圆心法：输入起点、终点、圆心绘制圆弧，如图 1.2-42(b)所示。命令提示如下：

　　　　指定圆弧的起点或 [圆心(C)]：(输入起点)

　　　　指定圆弧的第二个点或 [圆心(C)/端点(E)]：E↙

　　　　指定圆弧的端点：(输入终点)

　　　　指定圆弧的圆心或 [角度(A)/方向(D)/半径(R)]：(输入圆心)

(9) 起点、终点、包含角法：输入起点、终点、包含角绘制圆弧，如图 1.2-42(e)所示。命令提示如下：

　　　　指定圆弧的起点或 [圆心(C)]：(输入起点)

　　　　指定圆弧的第二个点或 [圆心(C)/端点(E)]：E↙

　　　　指定圆弧的端点：(输入终点)

　　　　指定圆弧的圆心或 [角度(A)/方向(D)/半径(R)]：A↙

　　　　指定包含角：(输入包含角)

(10) 起点、终点、切线法：输入起点、终点和起点处切线方向绘制圆弧，如图 1.2-42(f)所示。命令提示如下：

　　　　指定圆弧的起点或 [圆心(C)]：(输入起点)

　　　　指定圆弧的第二个点或 [圆心(C)/端点(E)]：E↙

　　　　指定圆弧的端点：(输入终点)

　　　　指定圆弧的圆心或 [角度(A)/方向(D)/半径(R)]：D↙

指定圆弧的起点切向：(输入圆弧起点处的切线方向与水平方向的夹角)

(11) 起点、终点、半径法：输入起点、终点、半径绘制圆弧，如图 1.2-42(g)所示。命令提示如下：

指定圆弧的起点或 [圆心(C)]：(输入起点)

指定圆弧的第二个点或 [圆心(C)/端点(E)]：E✓

指定圆弧的端点：(输入终点)

指定圆弧的圆心或 [角度(A)/方向(D)/半径(R)]：R✓

指定半径：(输入半径)

(12) 连续法：输入回车或空格，绘制与前一圆弧或直线相切的圆弧。命令提示如下：

指定圆弧的起点或 [圆心(C)]：✓

指定圆弧的端点：(输入终点)

**说明**：若在提示"指定圆弧的起点或 [圆心(C)]："处键入【Enter】键或空格键，则以上一次绘制的直线或圆弧的终点为新圆弧的起点，并以其终点的切线方向作为新圆弧的切线方向，只需输入新圆弧终点即可绘制圆弧。使用菜单选项"绘图"→"圆弧"→"继续"也可实现此功能。

## 五、任务实施

通信工程图中常用的通信管道和通信杆路图例数目比较多，在此结合已学到的知识绘制具有代表性的一些图例，如表 1.2-4 所示，更多图例请参考附录 C。

表 1.2-4　通信管道和通信杆路常用地形图例

| 序号 | 名　称 | 图例 | 序号 | 名　称 | 图例 |
|---|---|---|---|---|---|
| 1 | 手孔 | 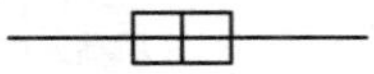 | 5 | 横木或卡盘 |  |
| 2 | 埋式手孔 | 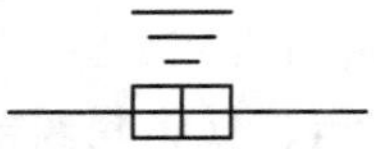 | 6 | 有高桩拉线的电杆 | 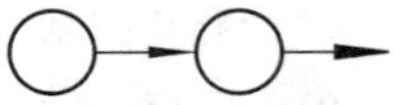 |
| 3 | 有防蠕动装置的人孔 | 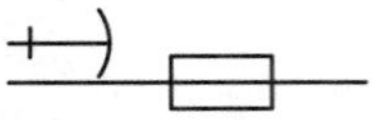 | 7 | 有 V 型拉线的电杆 | 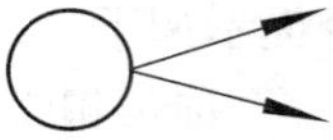 |
| 4 | 通信电杆上装设避雷线 |  | 8 | 电杆保护用围桩 |  |

## 六、任务小结

本任务介绍了矩形、正多边形、圆、圆弧命令及其用法，读者可通过练习通信管道和通信杆路图例来掌握绘制的方法。绘制方法往往有多种，在绘制各类图例的过程中，读者需要有效利用对象捕捉、自动追踪以及动态输入等功能，不断积累绘图技巧，节约绘图时间，提供绘图效率。

# 七、 拓展提高

绘图命令：椭圆和椭圆弧。椭圆有 2 种类型：数学椭圆和多段线椭圆，其类型由系统变量 PELLIPSE 决定，PELLIPSE=0(默认值)为数学椭圆，PELLIPSE=1 为多段线椭圆。数学椭圆不具有厚度和多段线特性，多段线椭圆具有厚度和多段线特性，可用 PEDIT 命令修改。

## 1. 执行方式

① 键盘命令：ELLIPSE↙。
② 菜单选项："椭圆"。
③ 工具按钮：绘图工具栏→"椭圆"。
④ 功能区面板："常用"→"绘图"→"椭圆"。

## 2. 命令提示

命令提示如下：

指定椭圆的轴端点或 [圆弧(A)/中心点(C)]：(输入轴端点、A 或 C)

➤ 指定椭圆的轴端点：输入长轴的端点，根据椭圆长轴两个端点绘制椭圆。命令提示如下：

指定轴的另一个端点：(输入轴的另一端点)
指定另一条半轴长度或 [旋转(R)]：(输入另一轴的半长)

或

指定另一条半轴长度或 [旋转(R)]：R↙
指定绕长轴旋转的角度：(输入旋转角度)

**说明**：轴半长和转角可直接键入长度和角度，也可用鼠标拖动橡皮筋直接拾取。

➤ 圆弧(A)：输入 A，绘制椭圆弧对象。命令提示如下：

指定椭圆的轴端点或 [圆弧(A)/中心点(C)]：A↙
指定椭圆弧的轴端点或 [中心点(C)]：(输入轴端点或 C)

**说明**：绘制椭圆弧先按绘制椭圆提示输入椭圆参数，然后输入椭圆弧的有关角度即可。绘制椭圆弧有 2 种方法：

一是角度法(默认方法)。根据起始角、终止角，或起始角、包含角绘制椭圆弧。命令提示如下：

指定起始角度或 [参数(P)]：(输入起始角度)
指定终止角度或 [参数(P)/包含角度(I)]：(输入终止角度或包含角)

二是参数法(P)。根据参数方程中参数 u 的起始和终止值绘制椭圆弧。命令提示如下：

指定起始角度或 [参数(P)]：P↙
指定起始参数或 [角度(A)]：(输入起始参数值)
指定终止参数或 [角度(A)/包含角度(I)]：(输入终止参数值)

➤ 中心点(C)：输入 C，根据椭圆的中心坐标绘制椭圆。命令提示如下：

指定椭圆的轴端点或 [圆弧(A)/中心点(C)]：C↙
指定椭圆的中心点：(输入椭圆中心点)

指定轴的端点：(输入椭圆某一轴上的任一端点)

指定另一条半轴长度或 [旋转(R)]：(输入另一轴的半长)

或

指定另一条半轴长度或 [旋转(R)]：R✓

指定绕长轴旋转的角度：(输入旋转角度)

## 项目实训

运用所学的 AutoCAD 绘图命令和使用方法，绘制表 1.2-5 中的通信工程图例。

表 1.2-5　通信工程图例

| 序号 | 名　称 | 图　例 | 序号 | 名　称 | 图　例 |
|---|---|---|---|---|---|
| 1 | 光缆 |  | 13 | 楼梯 | 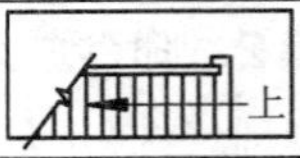 |
| 2 | 光缆参数 | 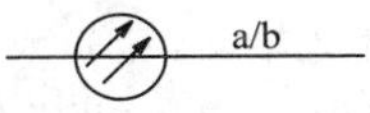 a/b | 14 | H 型杆 |  或 |
| 3 | 光连接器<br>(插头-插座) | 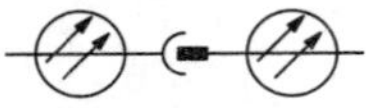 | 15 | 通信电杆上装设<br>放电器 |  |
| 4 | 可拆卸固定接头 | 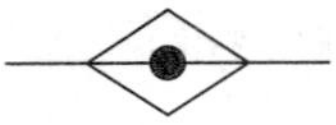 | 16 | 分歧人孔 | 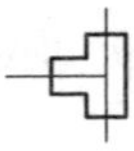 |
| 5 | 永久接头 |  | 17 | 埋式手孔 | 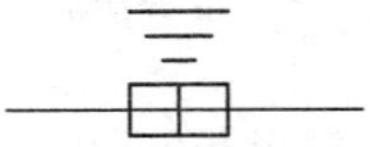 |
| 6 | 标高 | 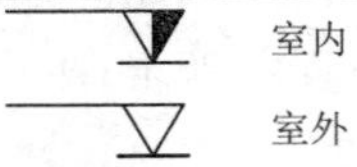 室内<br>室外 | 18 | 斜通型人孔 | 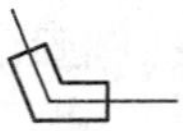 |
| 7 | 单扇门 | 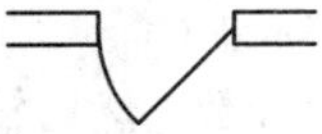 | 19 | 有防蠕动装置的人孔 | 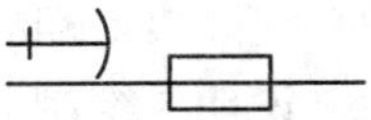 |
| 8 | 单扇双面弹簧门 | 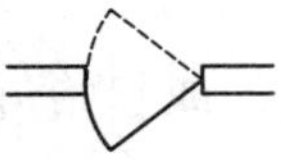 | 20 | 管道线路一 | 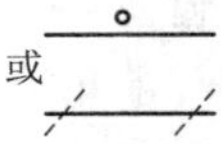 或 |
| 9 | 电梯 |  | 21 | 管道线路二 | 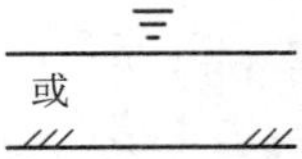 或 |
| 10 | 对开折叠门 |  | 22 | 壁龛交接箱 |  |
| 11 | 双层内外开平<br>开窗 | 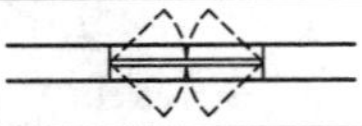 | 23 | 电杆上的线路<br>集中器 | 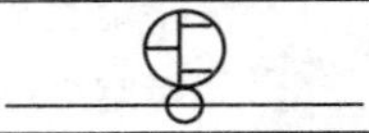 |
| 12 | 转门 | 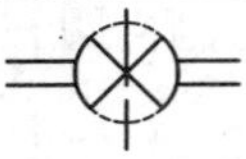 | 24 | 埋式电缆旁边敷设<br>防雷消弧线 |  |

# 项目三 绘制通信工程制图图框

## 项目要求 ✍

在绘制通信工程图之前，首先需要对工程绘图环境进行设置，并绘制出工程图纸的模板，即通信工程图图框。工程绘图环境主要包括图形界限、单位，对象的线型、线宽、颜色，图层，文字样式和标注样式等。绘制图框过程中所用的命令除直线、文字等命令外，还需要用到修剪、偏移等修改命令。本项目主要介绍工程绘图环境的设置和 AutoCAD 软件的绘图命令以及修剪、偏移等修改命令的用法。读者可通过所学的知识完成通信工程图图框的绘制，具体要求如下：

- 熟练使用修剪、偏移和文字(包括单行文字和多行文字)等命令；
- 会添加尺寸标注，且能对标注样式进行编辑和修改；
- 能够按照通信工程制图标准中的尺寸和要求，完成标准图框的绘制。

## 任务 1 绘制常用的标准图框

## 一、任务目标

掌握 CAD 中的偏移、修剪等修改类操作命令的用法，按照通信工程制图标准中的尺寸和要求，完成标准图框的绘制。

## 二、任务描述

按照通信工程制图标准中的尺寸和要求，完成如图 1.3-1 所示标准图框的绘制(可不添加尺寸标注)。

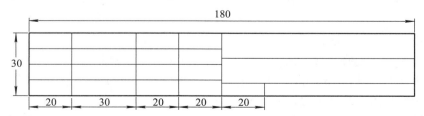

图 1.3-1 标准图框

## 三、任务解析

通过观察该图框的特点，使用 AutoCAD 中的直线、偏移和修剪命令完成图框的绘制。偏移命令主要用于在上、下、左、右、内或外侧复制某个对象的情况，在掌握偏移和修剪命令以后即可完成该任务。

## 四、相关知识

### 1. 偏移命令

使用偏移命令可以根据指定距离或通过点，建立一个与所选对象平行或具有同心结构的形体。能被偏移的对象包括直线、圆、圆弧、样条曲线等。

(1) 执行方式。

① 键盘命令：OFFSET✓。

② 菜单选项："修改"→"偏移"。

③ 工具按钮：修改工具栏→"偏移"。

④ 功能区面板："常用"→"修改"→"偏移"。

(2) 命令提示。

执行"偏移"命令后，命令提示如下：

    当前设置：删除源=否　图层=源　OFFSETGAPTYPE=0

    指定偏移距离或 [通过(T)/删除(E)/图层(L)] <1.0000>：(输入偏移距离、T、E、L)

➤ 指定偏移距离：输入偏移距离，按偏移距离绘制偏移线。命令提示如下：

    指定偏移距离或 [通过(T)/删除(E)/图层(L)] <1.0000>：(输入偏移距离)

    选择要偏移的对象，或 [退出(E)/放弃(U)] <退出>：(选择偏移对象或键入 E、U、【Enter】键)

    指定要偏移的那一侧上的点，或 [退出(E)/多个(M)/放弃(U)] <退出>：(拾取偏移方向一侧任意一点或键入 E、M、U、【Enter】键)

➤ 通过(T)：输入 T，绘制通过指定点的偏移线。命令提示如下：

    指定偏移距离或 [通过(T)/删除(E)/图层(L)] <20.0000>：T✓

    选择要偏移的对象，或[退出(E)/放弃(U)] <退出>：(选择偏移对象或键入 E、U、【Enter】键)

    指定通过点或[退出(E)/多个(M)/放弃(U)] <退出>：(输入经过点、键入 E、M、U、【Enter】键)

➤ 删除(E)：输入 E，设置删除或非删除状态。若处于删除状态，则偏移后删除原对象。

➤ 图层(L)：输入 L，设置偏移后目标对象所处的图层(当前图层、自身图层)。

说明：

① 一般情况下，一次偏移一个对象。

② 若键入 M，选择"多个(M)"选项，则连续偏移多个对象。

③ 若键入 E 或【Enter】键，则结束操作；若键入 U，则放弃本次复制操作。

④ 在删除状态下进行偏移，相当于移动操作。

⑤ 可以将偏移对象偏移到指定图层，将目标图层设置为当前，并设置当前图层偏移即可。

【例 1.3.1】 绘制从点(50, 50)到点(150, 150)的直线 L，然后绘制与直线 L 平行的两条偏移线 L1，L2，其中：L1 经过点(100, 130)，L2 靠右与 L 相距 20，如图 1.3-2(a)所示。

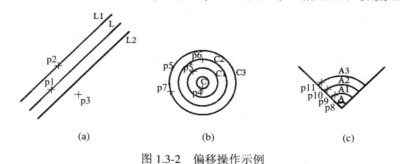

(a)                    (b)                    (c)

图 1.3-2 偏移操作示例

**解** 命令提示如下：

命令：LINE↙ --------(绘制直线 L)

指定第一点：50，50↙

指定下一点或 [放弃(U)]：150，150↙

命令：OFFSET↙

指定偏移距离或 [通过(T)/删除(E)/图层(L)]<0.0000>：T↙

选择要偏移的对象，或 [退出(E)/放弃(U)] <退出>：(拾取 p1 点选择直线 L)

指定通过点或 [退出(E)/多个(M)/放弃(U)] <退出>：100，130↙

选择要偏移的对象，或 [退出(E)/放弃(U)] <退出>：↙

命令：OFFSET↙

指定偏移距离或 [通过(T)/删除(E)/图层(L)]<0.0000>：20↙

选择要偏移的对象，或 [退出(E)/放弃(U)]<退出>：(拾取 p1 点选择直线 L)

指定要偏移的那一侧上的点，或[退出(E)/.../放弃(U)]<退出>：(拾取 p3 点指定偏移方向)

【例 1.3.2】 已知半径为 10 的圆 C，绘制半径为 25、40、55 的 3 个同心圆 C1、C2、C3，如图 1.3-2(b)所示。已知半径为 10，包含角为 90°的圆弧 A，在圆弧外侧绘制相距为 15，包含角相同的 3 个圆弧 A1、A2、A3，如图 1.3-2(c)所示。

**解** 命令提示如下：

命令：CIRCLE↙-----(绘制半径为 10 的圆)

命令：OFFSET↙

指定偏移距离或 [通过(T)/删除(E)/图层(L)]<0.0000>：15↙

选择要偏移的对象，或 [退出(E)/放弃(U)]<退出>：(拾取 p4 点选择圆 C)

指定要偏移的那一侧上的点，或[...]<退出>：(拾取 p5 点指定偏移方向，绘制圆 C1)

选择要偏移的对象，或 [退出(E)/放弃(U)]<退出>：(拾取 p5 点选择圆 C1)

指定要偏移的那一侧上的点，或[...]<退出>：(拾取 p6 点指定偏移方向，绘制圆 C2)

选择要偏移的对象，或 [退出(E)/放弃(U)]<退出>：(拾取 p6 点选择圆 C2)

指定要偏移的那一侧上的点，或[...]<退出>：(拾取 p7 点指定偏移方向，绘制圆 C3)

命令：ARC↙-----(绘制半径为 10，包含角为 90° 的圆弧)

命令：OFFSET↙

指定偏移距离或 [通过(T)/删除(E)/图层(L)] <0.0000>：15✓

选择要偏移的对象，或 [退出(E)/放弃(U)]<退出>：(拾取 p8 点选择圆弧 A)

指定要偏移的那一侧上的点，或[退出(E)/多个(M)/放弃(U)]<退出>：M✓

指定要偏移的那一侧上的点，或[...]<...>：(拾取 p9 点指定偏移方向，绘制圆弧 A1)

指定要偏移的那一侧上的点，或[...]<...>：(拾取 p10 点指定偏移方向，绘制圆弧 A2)

指定要偏移的那一侧上的点，或[...]<...>：(拾取 p11 点指定偏移方向，绘制圆弧 A3)

指定要偏移的那一侧上的点，或[...]<...>：✓

选择要偏移的对象，或 [退出(E)/放弃(U)] <退出>：✓

说明：

① OFFSET 命令只能用点取方式选择一个对象。

② 如果用距离作偏移线，那么距离值必须大于零。对于多段线，距离按中心线计算。

③ 不同图形对象，其偏移效果不同。圆偏移为同心圆，圆弧偏移为相同中心角、弦长不同的图形，直线偏移为平行线(长度相同)，多段线偏移为同心拷贝。椭圆、样条曲线也可作偏移线。

**2. 修剪命令**

使用修剪命令可以根据修剪边界修剪超出边界的线条，被修剪的对象可以是直线、圆、弧、多段线、样条曲线和射线等。要注意修剪时，修剪边界与被修剪的线段必须处于相交状态。

(1) 执行方式。

① 键盘命令：TRIM✓。

② 菜单选项："修改" → "修剪"。

③ 工具按钮：修改工具栏→ "修剪"。

④ 功能区面板："常用" → "修改" → "修剪"。

(2) 命令提示。

执行 TRIM 命令后，系统提示如下：

当前设置：投影=UCS，边=延伸

选择剪切边 ...

选择对象或 <全部选择>：(选取剪切边对象或按【Enter】键)

选择要修剪的对象，按住【Shift】键选择要延伸的对象，或[栏选(F)/窗交(C)/投影(P)/边(E)/删除(R)/放弃(U)]：(选取被修剪边，或输入 F、C、P、E、R、U)

➢ 选择对象：选择作为剪切边的对象，类似于剪切对象。

➢ <全部选择>：在选择对象处，按【Enter】键选择所有图形对象作为剪切边。

➢ 选择要修剪的对象：直接采用点选方式选取被修剪边进行修剪。

➢ 选择要延伸的对象：按住【Shift】键选择要延伸的对象。在修剪中完成对象延伸操作。

➢ 栏选(F)：输入 F，采用围线方式选取被修剪边进行修剪，可实现批量修剪。

➢ 窗交(C)：输入 C，采用窗口或交叉方式选取被修剪边进行修剪，可实现批量修剪。

➢ 投影(P)：输入 P，确定修剪时的投影方式。命令提示如下：

输入投影选项 [无(N)/UCS(U)/视图(V)] <UCS>：(输入 N、U 或 V)

◇ 无(N)：输入 N，只有修剪边和被修剪边在三维空间精确相交才能进行修剪。

◇ UCS(U)：输入 U，只有修剪边和被修剪边在当前 UCS 的 XOY 平面上投影相交才能修剪。

◇ 视图(V)：输入 V，只有指定修剪边和被修剪边在视图平面上相交才可进行修剪。

➤ 边(E)：输入 E，确定修剪时修剪边是否允许隐含延伸至相交，命令提示如下：

　　　输入隐含边延伸模式 [延伸(E)/不延伸(N)] <延伸>：(输入 E、N)

◇ 延伸(E)：输入 E，指定修剪边与被修剪边不相交时可隐含延伸至相交。

◇ 不延伸(N)：输入 N，指定修剪边与被修剪边不相交时不允许隐含延伸。

➤ 删除(R)：输入 R，在修剪过程中删除某些对象。

➤ 放弃(U)：输入 U，结束修剪操作。

**说明：**

① 允许用线、圆、圆弧、椭圆、椭圆弧、多段线、样条曲线、射线、构造线、文本等对象作为修剪边和被修剪边。多段线只能作为修剪边，不能作为被修剪边。用多段线作修剪边时，应沿中心线进行修剪。

② 可以隐含修剪边，在提示"选择对象："时键入回车键，自动确定所有符合条件的对象为修剪边。

③ 修剪边也可作为被修剪边。

④ 带有宽度的多段线作为被修剪边时，剪切交点应按中心线计算。

**【例 1.3.3】** 完成键槽刻面轮廓的修剪，如图 1.3-3 所示。

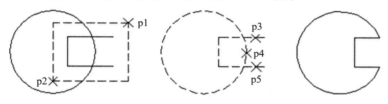

图 1.3-3　修剪操作示例

**解** 命令提示如下：

命令：TRIM✓

当前设置：投影=UCS，边=延伸

选择剪切边 …

选择对象或 <全部选择>：(拾取 p1 和 p2 点，交叉选取圆和直线)

选择要修剪的对象，按住【Shift】键选择要延伸的对象，或 [...]：(拾取 p3 点)

选择要修剪的对象，按住【Shift】键选择要延伸的对象，或 [...]：(拾取 p4 点)

选择要修剪的对象，按住【Shift】键选择要延伸的对象，或 [...]：(拾取 p5 点)

选择要修剪的对象，按住【Shift】键选择要延伸的对象，或 [...]：✓

## 五、任务实施

按照通信工程制图标准中的尺寸和要求，使用直线、偏移和修剪命令完成图 1.3-1 所示的图框，主要步骤如下：

(1) 用 LINE 命令，绘制图 1.3-4(a)所示图形。

(2) 用 OFFSET 命令绘制偏移线，如图 1.3-4(b)所示。

(3) 用 TRIM 命令绘制修剪图形，如图 1.3-4(c)所示。

(4) 用 OFFSET 命令绘制偏移线，如图 1.3-4(d)所示。

(5) 用 TRIM 命令修剪并修改外框的线宽，如图 1.3-4(e)所示图形。

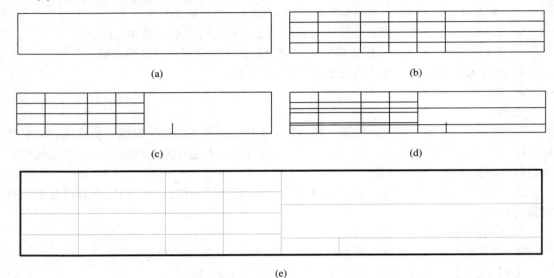

图 1.3-4　图框绘制步骤

## 六、任务小结

(1) 使用"偏移"命令可以创建平行线或等距离分布图形。默认情况下，需指定偏移距离，再选择要偏移复制的对象，然后指定偏移方向，以复制出图形。偏移命令的快捷命令是"O"。

(2) 使用"修剪"命令可以根据修剪边界修剪超出边界的线条，被修剪的对象可以是直线、圆、弧、多段线、样条曲线和射线等。使用 TRIM 命令，连续按两次【Enter】，可选择全部对象进行修剪。修剪命令的快捷命令是"TR"。

## 七、拓展提高

### 1. 删除命令

删除图形中不正确的图形对象。

1) 执行方式

① 键盘命令：ERASE✓。

② 菜单选项："修改"→"删除"。

③ 工具按钮：修改工具栏→"删除"。

④ 功能区面板："常用"→"修改"→"删除"。

2) 命令提示

执行"删除"命令后的命令提示如下：

　　　选择对象：(选择删除对象并键入回车键)

**2. 复制命令**

将若干指定对象复制到指定位置(可多次复制)。

1) 执行方式

① 键盘命令：COPY↙。

② 菜单选项："修改"→"复制"。

③ 工具按钮：修改工具栏→"复制"。

④ 功能区面板："常用"→"修改"→"复制"。

2) 命令提示

执行"复制"命令后的命令提示如下：

　　　选择对象：(选择复制对象)

　　　指定基点或 [位移(D)/模式(O)] <位移>：(输入基点、D、O 或按【Enter】键)

各功能参数解释如下：

➤ 指定基点：输入基点，根据两点确定的矢量长度和方向复制对象(可复制多个)。命令提示如下：

　　　指定第二个点或 <使用第一个点作为位移>：(输入第二点或按【Enter】键)

　　　指定第二个点或 [退出(E)/放弃(U)]<退出>：(输入第二点、E、U)

说明：

① 若输入第二个点，则按第二个点相对于基点的矢量长度和角度复制对象。

② 第一次输入第二个点时，若按【Enter】键，则按基点相对于原点的矢量长度和角度复制对象。

③ 第一次以后输入第二个点时，若键入 E 或按【Enter】键，则结束操作；若键入 U，则放弃本次复制操作。

➤ 位移(D)：输入 D 或按【Enter】键，根据输入的位移点和坐标原点确定的矢量长度及方向角度复制对象。命令提示如下：

　　　指定位移 <0.0000，0.0000，0.0000>：(输入位移点)

➤ <位移>：输入位移值，根据最后一次选择的对象拾取点和当前光标位置确定的方向，以及位移值的大小指定复制基点。命令提示如下：

　　　指定基点或[位移(D)/模式(O)] <位移>：(输入位移值)

　　　指定第二个点或 <使用第一个点作为位移>：(输入第二点或按【Enter】键)

　　　指定第二个点或 [退出(E)/放弃(U)]<退出>：(输入第二点、E、U)

说明：如果在指定位移的第二个点时，按【Enter】键，则以坐标原点(0，0)为第一个点，基点为第二个点，决定复制对象的方向和距离。

➤ 模式(O)：输入 O，设置单个复制还是多个复制模式。命令提示如下：

　　　输入复制模式选项 [单个(S)/多个(M)] <多个>：(输入 S、M)

### 3．镜像命令

将指定对象集按镜像线作镜像复制，原图可保留，也可删除。

1) 执行方式

① 键盘命令：MIRROR✓。

② 菜单选项："修改"→"镜像"。

③ 工具按钮：修改工具栏→"镜像"。

④ 功能区面板："常用"→"修改"→"镜像"。

2) 命令提示

执行"镜像"命令后的命令提示如下：

    选择对象：(选取镜像对象)

    指定镜像线的第一点：(输入镜像线上一点)

    指定镜像线的第二点：(输入镜像线上另一点)

    是否删除源对象？[是(Y)/否(N)]　<N>：(输入 Y 或 N)

说明：系统变量 MIRRTEXT 值决定文本对象镜像方式，若 MIRRTEXT 为 1 则文本作完全镜像，如 CAD→DAC；若 MIRRTEXT 为 0 则文本作可读镜像，如 CAD→CAD。

### 4．分解命令

将复合对象分解为单一对象。复合对象被分解后，变成直线、圆弧、圆等单一对象，但保留图层、线型、颜色等属性。

1) 执行方式

① 键盘命令：EXPLODE✓。

② 菜单选项："修改"→"分解"。

③ 工具按钮：修改工具栏→"分解"。

④ 功能区面板："常用"→"修改"→"分解"。

2) 命令提示

执行"分解"命令后的命令提示如下：

    选择对象：(选取分解对象)

## 任务 2　使用文字命令填写标题栏

## 一、任务目标

掌握文字命令(包括单行文字和多行文字)，并会设置文字样式，能够往图框中输入符合通信工程图标准的文字。

## 二、任务描述

正确设置文字样式后，使用单行文字或多行文字命令，向图框中输入符合通信工程图标准的文字。

## 三、任务解析

掌握通信工程图对文字的要求,在正确设置文字样式后,使用单行文字或多行文字命令,向图框中输入符合通信工程图标准的文字。学习过程中,要注意单行文字和多行文字命令的区别。

## 四、相关知识

### 1．文本及字体

AutoCAD 软件不但可以快速添加文字,而且还提供了丰富的字库。在文本放置中,最基本的单位就是文本和字体。文本就是图形设计中的技术说明和图形注释等文字。在图形上添加文字前,需要考虑的问题是文本所使用的字体、文本所确定的信息和文字的比例,以及文本的类型和位置等。

1) 设置文字样式

样式是利用"文字样式"对话框进行设置的。在创建新样式时,有三个因素很重要,它们分别指定样式名、选择字体以及定义样式属性。选择"格式",打开"文字样式"对话框如图 1.3-5 所示,按"新建"按钮可以建新的文字样式。针对文字样式的设置,AutoCAD 会优先考虑*.shx,即 AutoCAD 的专用字体(SHX 字体),比如国标字体——长仿宋体 (gbeitc.shx>>gbcbig.shx,0.7h,高度≥3.5)。图 1.3-6 为新建的文字样式。

图 1.3-5 "文字样式"对话框

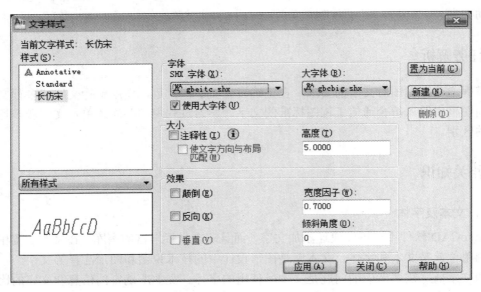

图 1.3-6　新建的文字样式

2) 选择字体

"文字样式"对话框中有一个"使用大字体"复选框，"字体"中的选项将随这个复选框的开、闭而变化。用户需要在此选择正确的汉字字体方能输入汉字。当"使用大字体"复选框处于激活状态时，系统将提供计算机内所有程序的字体；当"使用大字体"复选框未被激活时，系统只提供 AutoCAD 内的字体。"字体"中的"高度"项定义字体的高度，直接输入一个高度值就可以了。要注意的是，一旦选定一个高度，"文字样式"对话框创建的所有文本都将具有这个相同的高度值。

3) 文字效果

"文字样式"对话框的"效果"窗口中有 5 个选项，包括颠倒、反向、垂直、宽度因子和倾斜角度。颠倒效果和反向效果如图 1.3-7 所示。

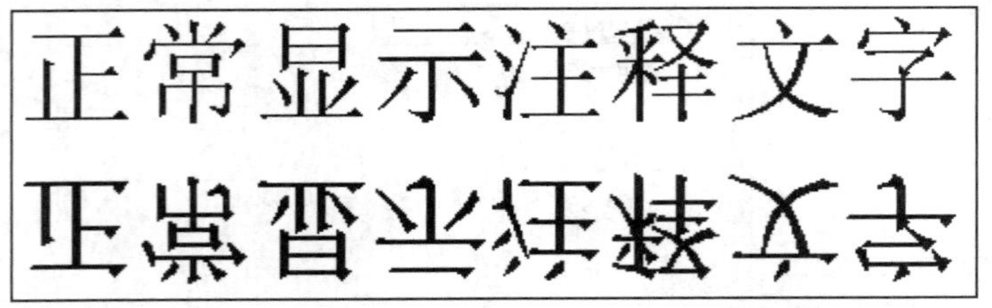

图 1.3-7　颠倒效果和反向效果

### 2．单行文字

在图中指定位置注释一行或多行文字。TEXT 命令可一次注释多行文字，每行文字为独立对象，每行文字间无任何联系，可单独进行编辑修改。

1）执行方式

① 键盘命令：TEXT✓ 和 DT✓。

② 菜单选项："绘图"→"文字"→"单行文字"。

③ 功能区面板："常用"→"注释"→"多行文字"→"单行文字"。

激活该命令后，按照命令行提示进行操作。AutoCAD 软件为文字行定义了 4 条定位线，分别是顶线、中线、基线、底线，如图 1.3-8 所示。文字的对正就是参照这些定位线来进行的，如图 1.3-9 所示。

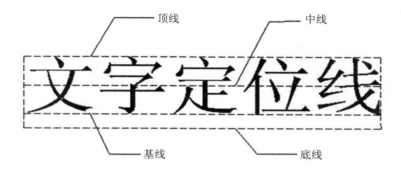

图 1.3-8　单行文字

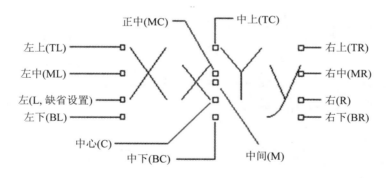

图 1.3-9　单行文字的对正

2）应用举例

命令提示如下：

命令：TEXT✓

当前文字样式："Standard"　文字高度：2.5000　注释性：否

指定文字的起点或 [对正(J)/样式(S)]：　　　　//在绘图区拾取一点

指定高度 <2.5000>：　　　　　　　　　　//15

指定文字的旋转角度 <0>：　　　　　　　　//按【Enter】键，然后输入"通信工程制图"文字后，

　　　　　　　　　　　　　　　　　　　//按两次【Enter】键结束命令

结果如图 1.3-10 所示。

# 通信工程制图

图 1.3-10 单行文字举例

## 3．多行文字

MTEXT 命令增强了对文字的支持，可处理成段文字，类似于 Word 处理程序。其执行方式如下：

① 键盘命令：MTEXT✓ 或 MT✓。

② 菜单选项："绘图"→"文字"→"多行文字"。

③ 工具按钮：绘图工具栏或文字工具栏→"多行文字"。

④ 功能区面板："常用"→"注释"→"多行文字"。

激活该命令后，系统弹出如图 1.3-11 所示的文字格式编辑器，由顶部带标尺的边框和"文字格式"工具栏组成。使用文字格式编辑器可以进行多项设置。

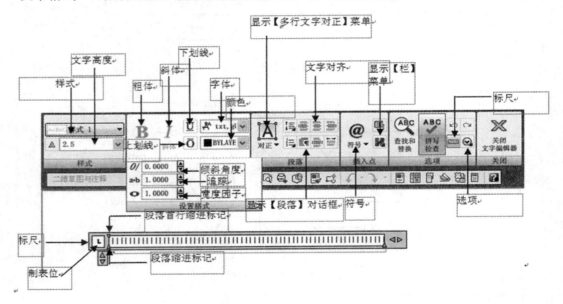

图 1.3-11 文字格式编辑器

## 4．编辑文字

编辑文字有两种方式，一种为 DDEDIT 方式，另一种为 DDMODIFY 方式。

1）执行方式

① 键盘命令：DDEDIT✓ 和 ED✓。

② 菜单选项："修改"→"对象"→"文字"→"编辑"。

③ 工具按钮：文字工具栏→"编辑"。

④ 快捷菜单：右击文字注释，弹出快捷菜单→"编辑"。

如果选择单行文字，则弹出编辑文字对话框，在其中输入新文字即可。如果选择多行文字，则显示"文字格式"工具栏，可修改所选择的文字。

2) DDMODIFY 方式的操作

在命令行中键入 DDMODIFY 命令，系统将弹出"特性"选项板。然后选择文字，将可以修改文字的基本特性，包括颜色、线型、图层、文字样式、对齐、宽度等。

### 5．快速显示文字

在图形中，如果输入了过多的文字，将会使缩放、刷新等操作变慢，尤其是使用了大量的 TrueType 字体和其他复杂格式字体时，影响将更加明显。因此，AutoCAD 提供了 QTEXT 命令，用于简化文本绘制，加快图形操作。当 QTEXT 处于打开状态时，系统用文字边框代替文字。当改变 QTEXT 状态后，必须用 REGEN 命令重生成图形才能看到效果。文字显示设置如图 1.3-12 所示。

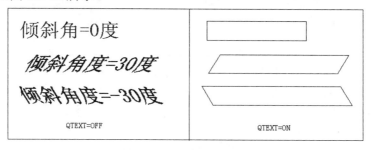

图 1.3-12　文字显示设置

## 五、任务实施

任务 1 中完成的标准图框如图 1.3-13。

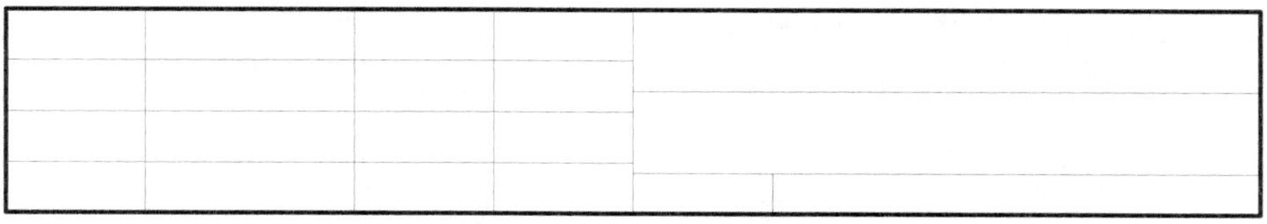

图 1.3-13　标准图框

现通过已学的知识来完成上述标准图框中文字的输入，如图 1.3-14 所示。具体实施步骤如下：

| 主管 | | 审核 | | (设计单位名称) | | |
|---|---|---|---|---|---|---|
| 项目负责人 | | 单位 | | | | |
| 单项负责人 | | 比例 | | (图名) | | |
| 设计 | | 日期 | | 图号 | | |

图 1.3-14　标准图框

### 1. 文字样式设置

AutoCAD 默认"Standard"文字样式为当前样式。可以使用以下三种方法创建新的文字样式：

(1) 在"样式"工具栏中单击"文字样式管理器"图标。

(2) 在"格式"菜单中选择"文字样式"选项。

(3) 在命令行输入 ST 或 STYLE。

执行 STYLE 命令后，打开如图 1.3-5 所示的"文字样式"对话框，通过该对话框即可建立新的文字样式，或对当前文字样式的参数进行修改。

建立新的文字样式的操作步骤如下：

(1) 在"文字样式"对话框中单击"新建(N)…"按钮，打开如图 1.3-15 所示的"新建文字样式"对话框。

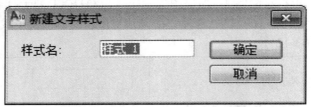

图 1.3-15　"新建文字样式"对话框

(2) 在该对话框的"样式名"文本框中输入新文字样式的名称后，单击"确定"按钮，返回"文字样式"对话框。在"字体名"处，选取新字体。通信工程制图中，在字体名下拉列表项中选"仿宋"。

(3) 在"高度"文本框中输入当前文字样式所采用的文字高度。

(4) 在"效果"栏中选中相应的复选框，用于设置文字样式的特殊效果。

(5) 在"宽度因子"和"倾斜角度"文本框中指定文字宽度的比例和倾斜角度。

(6) "预览"栏中显示出所设置的相应文字效果。

(7) 完成设置，单击"应用(A)"按钮。

建立新的文字样式如图 1.3-16 所示。

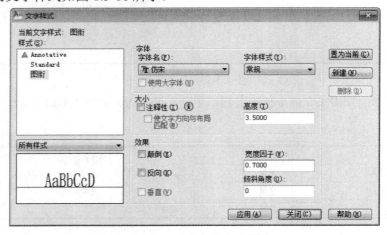

图 1.3-16　建立新的文字样式

要应用文字样式，首先得将其置为当前文字样式，在 AutoCAD 中有两种设置当前文字样式的方法：

(1) 在打开的"文字样式"对话框的"样式名"下拉列表框中选择要置为当前样式的文字样式，然后单击"关闭(C)"即可。

(2) 在"样式"工具栏的"文字样式控制"下拉列表框中选择当前文字应用的样式即可，如图 1.3-17 所示。

图 1.3-17　"文字样式控制"下拉列表框

### 2．文字输入设置

1) 单行文字输入

使用单行文字输入命令，其每行文字都是独立的对象，可以单独进行定位、调整格式等编辑工作。可以使用以下方法激活单行文字输入命令。命令提示如下：

命令：TEXT

当前文字样式："Standard"　当前文字高度：1.0000　//系统显示当前文字样式和文字高度

指定文字的起点或[对正(J)/样式(S)]：J　　　　//选择"对正"选项，设置文字对齐方式

输入选项[对齐(A)/调整(F)/中心(C)/中间(M)/右(R)/左上(TL)/中上(TC)/右上(TR)/左中(ML)/正中(MC)/右中(MR)/左下(BL)/中下(BC)/右下(BR)]：MC　　　//以正中方式对齐

指定文字的中间点：　　　　　　　　//在绘图区中拾取一点作为文字的中间点

指定高度<1.0000>：3.5　　　　　　//指定文字字高为 3.5

指定文字的旋转角度<0>：　　　　　//按【Enter】键，默认文字的旋转角度为 0°

输入文字：主管　　　　　　　　　//输入第一个单元格中文字的内容

输入文字：　　　　　　　　　　　//按【Enter】键结束 TEXT 命令

注：其他单元格中文字按上述方法依次输入。

2) 多行文字输入

使用多行文字命令也可以在绘图区中创建标注文字。它与单行文字输入的区别在于所标注的多行段落文字是一个整体，可以进行统一编辑。因此多行文字命令较单行文字命令更灵活、方便，它具有一般文字编辑软件的所有功能。可以使用以下方法激活多行文字输入命令，命令提示如下：

命令：MT 或 MTEXT

当前文字样式："Standard"　当前文字高度：3.5　//系统显示当前文字样式和文字高度

指定第一角点：　//在绘图区中拾取一点作为多行文字，可选择区域的左上角点

指定对角点或[高度(H)/对正(J)/行距(L)/旋转(R)/样式(S)/宽度(W)]：//在区域右下角拾取一点

指定多行文字区域后，系统打开如图 1.3-18 所示的文字输入框和"文字格式"工具栏。其中"文字格式"工具栏用于修改或设置字符的格式。在文字输入框中输入相应的文字后，单击"确定"按钮即可创建多行文字输入。

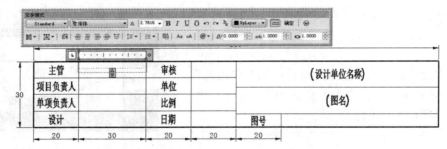

<table>
<tbody>
<tr><td>主管</td><td></td><td>审核</td><td></td><td colspan="3">(设计单位名称)</td></tr>
<tr><td>项目负责人</td><td></td><td>单位</td><td></td><td colspan="3" rowspan="2">(图名)</td></tr>
<tr><td>单项负责人</td><td></td><td>比例</td><td></td></tr>
<tr><td>设计</td><td></td><td>日期</td><td></td><td>图号</td><td></td></tr>
</tbody>
</table>

图 1.3-18 文字输入框和"文字格式"工具栏

**3) 文字编辑**

在绘图过程中,如果输入的文字不符合绘图要求,则需要在原有基础上进行修改。AutoCAD 提供的文字编辑功能可以编辑修改文字内容,一般可以使用以下三种方法激活文字编辑命令:

(1) 单击"文字"工具栏中的图标。

(2) 选择"修改"→"对象"→"文字"→"编辑"菜单选项。

(3) 在命令行输入 ED 或 DDEDIT。

执行文字编辑命令后,系统将会提示"选择注释对象或[放弃(U)]: "。如果选中的对象是由单行文字命令建立的,则系统打开单行文字的"编辑文字"对话框,可在该对话框的"文字"文本框中输入新的文字内容,然后单击"确定"按钮,返回绘图区;如果选中的对象是由多行文字命令建立的,则系统打开与多行文字命令下完全相同的多行文字编辑窗口,在该窗口对多行文字进行各种编辑,然后单击"文字格式"工具栏中的"确定"按钮即可。

## 六、任务小结

本任务中介绍了单行文字和多行文字的使用方法以及通信工程制图中字体及写法规范,并根据通信工程制图对文字的要求,使用单行文字和多行文字两种方式为标准通信工程制图图框输入文字。常用的文字快捷命令如表 1.3-1 所示。

表 1.3-1 常用的文字快捷命令

| 快捷命令 | 对应命令 | 菜单操作 | 功　能 |
|---|---|---|---|
| ST | STYLE | 格式→文字样式 | 创建文字样式 |
| DT | TEXT | 绘图→文字→单行文字 | 创建单行文字 |
| MT | MTEXT | 绘图→文字→多行文字 | 创建多行文字 |
| ED | DDEDIT | 修改→对象→文字→编辑 | 编辑文字 |
| SP | SPELL | 工具→拼写检查 | 拼写检查 |
| TS | TABLESTYLE | 格式→表格样式 | 创建表格样式 |
| TB | TABLE | 绘图→表格 | 创建表格 |

## 七、拓展提高

在实际绘图设计中,往往需要标注一些特殊字符。这些特殊字符不能从键盘上直接输入，因此 AutoCAD 提供了相应的控制符，以实现这些标注要求，也可查看帮助文档"符号和特殊字符"了解相应的控制符。符号和特殊字符如表 1.3-2 所示。

**表 1.3-2　符号和特殊字符**

| 控 制 符 | 功　　能 |
|---------|---------|
| %%O | 打开或关闭文字上划线 |
| %%U | 打开或关闭文字下划线 |
| %%D | 标注度(°)符号 |
| %%P | 标注正负公差(±)符号 |
| %%C | 标注直径(φ)符号 |

使用多行文字命令中的字符功能，可以非常方便地创建一些特殊符号，如度数、直径符号以及正负号等。

# 任务 3　为图框添加尺寸标注

## 一、任务目标

掌握线型标注、对齐标注、基线标注、连续标注及其主要命令，并会设置、修改标注样式。

## 二、任务描述

为通信工程标准图框添加尺寸标注。

## 三、任务解析

设置标注样式，添加线型标注，并编辑标注尺寸。

## 四、相关知识

工程图纸与产品的生产过程密切相关，生产人员需要根据图纸中标注的尺寸进行操作，以便生产出符合图纸尺寸要求的合格产品。尺寸标注是否清晰和准确直接影响产品生产质量的好坏，快速、准确和规范地进行工程图纸尺寸的标注是工程设计人员应具有的基本素质。

尺寸标注是由直线、箭头、文字等简单图形对象组成的图块对象，它由一些标准的尺寸标注元素(尺寸文字、延伸线、尺寸线、箭头、端点、定义点)组成，如图 1.3-19 所示。

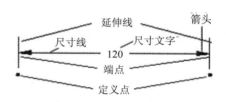

图 1.3-19　尺寸标注组成

尺寸标注属于无名图块,可用 EXPLODE 命令对其进行分解。分解后,用户可对其中的尺寸标注元素进行编辑修改。一旦在图中标注了尺寸,系统就会自动创建一个名为"Defpoints"的图层,用于保存尺寸标注对象的定义点。"Defpoints"图层的内容只能显示,不能输出,所以一般不在该图层上绘制图形。在进行尺寸标注时,应遵守以下基本规则:

- 尺寸标注要有别于其他图形对象,应放在独立的图层上。
- 尺寸文字要求字体端正、排列整齐、间隔均匀、字高一致、合乎规范。
- 通过全局比例因子调整尺寸大小。
- 用目标对象捕捉方法拾取定义点,以便快捷准确定位。
- 尺寸线和延伸线应用细线绘制。
- 延伸线从轮廓线、轴线、对称中心线中引出。
- 图形中标注的尺寸应为物体的真实尺寸,且与图形显示大小和显示精度无关。
- 若图形中标注的尺寸以毫米为单位,则不需要注明尺寸单位的代号或名称;反之,需要注明尺寸单位的代号或名称,如厘米、千米、度等。

AutoCAD 2010 提供了丰富的尺寸标注方法和尺寸标注变量,以满足不同行业的绘图需要。尺寸标注应符合国家颁布的制图标准 GB 4458.4—84 和 GB 4458.5—84。AutoCAD 2010 共有 13 种尺寸标注类型,图 1.3-20 中只显示了其中的 11 种。

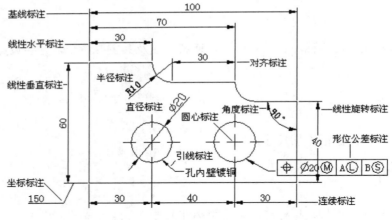

图 1.3-20  尺寸标注类型

① 线性标注:标注水平、垂直或旋转投影尺寸,分为线性水平标注、线性垂直标注和线性旋转标注。

② 基线标注:标注基于同一延伸线的多个平行尺寸。

③ 连续标注:标注首尾相接的多个平行尺寸。

④ 对齐标注:标注与标注对象平行的尺寸。

⑤ 弧长标注:标注圆弧的长尺寸。

⑥ 直径标注:标注圆或圆弧的直径尺寸。

⑦ 半径标注:标注圆或圆弧的半径尺寸。

⑧ 角度标注:标注角度尺寸。

⑨ 折弯标注:以折弯方式标注圆或圆弧的半径尺寸。

⑩ 引线标注:用引出线标注有关的注释和说明。

⑪ 坐标标注：标注某点的坐标值。

⑫ 圆心标注：标注圆或圆弧的圆心位置。

⑬ 形位公差标注：标注形位公差。

**1. 线性标注**

按照当前尺寸标注样式标注指定两点间的水平尺寸、垂直尺寸或旋转投影尺寸。

1) 执行方式

(1) 键盘命令：DIMLINEAR✓。

(2) 菜单选项："标注"→"线性"。

(3) 工具按钮：标注工具栏→"线性"。

(4) 功能区面板："注释"→"标注"→"线性"。

2) 命令提示

命令提示如下：

指定第一条延伸线原点或 <选择对象>：(指定第一条延伸线定义点或按【Enter】键直接选择直线、圆、圆弧等标注对象)

指定第二条延伸线原点：(指定第二条延伸线定义点)

指定尺寸线位置或[多行文字(M)/文字(T)/角度(A)/水平(H)/垂直(V)/旋转(R)]：(指定尺寸线位置或输入 M、T、A、H、V 或 R)

标注文字 =<尺寸测量值>

➢ 指定尺寸线位置：用鼠标直接在屏幕上拾取尺寸线经过的点，系统将根据拾取点拖动方向自动确定是进行水平标注，还是进行垂直标注，如图 1.3-21 所示。

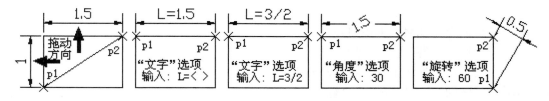

图 1.3-21 线性标注

➢ 多行文字(M)：输入 M，弹出"多行文字编辑器"对话框，输入或修改尺寸文字。输入"< >"符号，表示自动测量值，可在其前后输入尺寸的前缀或后缀文字，也可删除该符号，重新输入新的尺寸文字。

➢ 文字(T)：输入 T，输入或修改尺寸文字。命令提示如下：

输入标注文字 <100>：(输入或修改尺寸文字)

➢ 角度(A)：输入 A，输入尺寸文字的倾斜角度。命令提示如下：

指定标注文字的角度：(输入文字倾角)

➢ 水平(H)：输入 H，强制标注水平尺寸。命令提示如下：

指定尺寸线位置或 [多行文字(M)/文字(T)/角度(A)]：(指定尺寸线位置或输入 M、T、A)

➢ 垂直(V)：输入 V，强制标注垂直尺寸。命令提示如下：

指定尺寸线位置或 [多行文字(M)/文字(T)/角度(A)]：(指定尺寸线位置或输入 M、T、A)

➢ 旋转(R)：输入 R，强制标注旋转投影尺寸。命令提示如下：

指定尺寸线的角度 <0>：(输入尺寸线与水平线夹角)

**说明**：在"指定第一条延伸线原点或<选择对象>："提示处直接按【Enter】键，选择被标注的直线、圆、圆弧等图形对象，而延伸线定义点通过图形对象端点自动确定。

**【例 1.3.4】** 图形界限为 12×9。绘制并按线性标注方式进行尺寸标注，标注尺寸如图 1.3-22 所示。

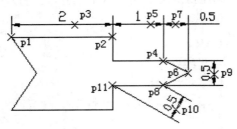

图 1.3-22 标注尺寸

**解** 命令提示如下：

命令：DIMLINEAR✓

指定第一条延伸线原点或 <选择对象>：(拾取 p1 点)

指定第二条延伸线原点：(拾取 p2 点)

指定尺寸线位置或[多行文字(M)/文字(T)/角度(A)/水平(H)/……]：(拾取 p3 点)

标注文字 = 2

**2. 对齐标注**

按照当前尺寸标注样式标注与指定直线、圆、圆弧或两点间连线平行的尺寸。

1）执行方式

(1) 键盘命令：DIMALIGNED✓。

(2) 菜单选项："标注"→"对齐"。

(3) 工具按钮：标注工具栏→"对齐"。

(4) 功能区面板："注释"→"标注"→"对齐"。

2）命令提示

命令提示如下：

指定第一条延伸线原点或 <选择对象>：(指定第一延伸线定义点或按【Enter】键选择直线、圆或圆弧进行标注)

➢ 指定第一条延伸线原点：拾取第一延伸线定义点，进行对齐标注。命令提示如下：

指定第二条延伸线原点：(拾取第二延伸线定义点，尺寸线与两定义点连线平行)

指定尺寸线位置或[多行文字(M)/文字(T)/角度(A)]：(拾取尺寸线位置或输入 M、T、A，作用同线性标注)

标注文字 = <尺寸测量值>

➢ 选择对象：按【Enter】键，选择直线、圆或圆弧进行对齐标注。命令提示如下：

选择标注对象：(选择直线、圆或圆弧进行对齐标注)

指定尺寸线位置或[多行文字(M)/文字(T)/角度(A)]：(拾取尺寸线位置或输入 M、T、A，作用同线性标注)

标注文字 ＝<尺寸测量值>

【例 1.3.5】 图形界限为 12×9。绘制并按对齐标注方式标注尺寸，如图 1.3-23 所示。

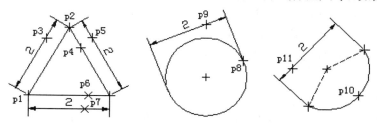

图 1.3-23 对齐标注

**解** 命令提示如下：

命令：DIMALIGNED↙

指定第一条延伸线原点或 <选择对象>：(拾取 p1 点)

指定第二条延伸线原点：(拾取 p2 点)

指定尺寸线位置或[多行文字(M)/文字(T)/角度(A)]：(拾取 p3 点)

标注文字 ＝2

命令：↙

指定第一条延伸线原点或 <选择对象>：↙

选择标注对象：(拾取 p4 点，选择三角形边)

指定尺寸线位置或[多行文字(M)/文字(T)/角度(A)]：(拾取 p5 点)

标注文字 ＝2

命令：↙

指定第一条延伸线原点或 <选择对象>：↙

选择标注对象：(拾取 p6 点，选择三角形边)

指定尺寸线位置或[多行文字(M)/文字(T)/角度(A)]：(拾取 p7 点)

标注文字 ＝2

命令：↙

指定第一条延伸线原点或 <选择对象>：↙

选择标注对象：(拾取 p8 点，选择圆)

指定尺寸线位置或[多行文字(M)/文字(T)/角度(A)]：(拾取 p9 点)

标注文字 ＝2

命令：↙

指定第一条延伸线原点或 <选择对象>：↙

选择标注对象：(拾取 p10 点，选择圆弧)

指定尺寸线位置或[多行文字(M)/文字(T)/角度(A)]：(拾取 p11 点)

标注文字 ＝2

### 3．基线标注

按当前尺寸标注样式标注基于同一延伸线定义点的多个平行尺寸，平行尺寸线之间的间距由尺寸标注变量 DIMDLI 决定。

1) 执行方式

(1) 键盘命令：DIMBASELINE↙。

(2) 菜单选项："标注" → "基线"。

(3) 工具按钮：标注工具栏→ "基线"。

(4) 功能区面板："注释" → "标注" → "基线"。

2) 命令提示

命令提示如下：

选择基准标注：(选取某尺寸标注的一个延伸线作为基线标注的第一条延伸线，如果刚做过尺寸标注，则该提示不出现，将最近尺寸标注的第一条延伸线作为基线标注的第一条延伸线)

指定第二条延伸线原点或[放弃(U)/选择(S)]<选择>：(指定第二条延伸线定义点，或输入 U、S)

标注文字 =<尺寸测量值>

......

指定第二条延伸线原点或[放弃(U)/选择(S)]<选择>：(指定第二条延伸线定义点，或输入 U、S)

标注文字 =<尺寸测量值>

➤ 指定第二条延伸线原点：拾取第二条延伸线定义点，完成一个基线标注。

➤ 放弃(U)：输入 U，取消上一个基线标注。

➤ 选择(S)：输入 S，重新指定基准点。命令提示如下：

选择基准标注：(选取一尺寸标注为基准点的延伸线，如果按【Enter】键，则终止基线标注)

**说明**：若两尺寸线之间距离不合适，则修改尺寸标注变量 DIMDLI 的值进行调整。

【例 1.3.6】 图形界限为 12×9。绘制并按基线标注方式标注尺寸，如图 1.3-24 所示。

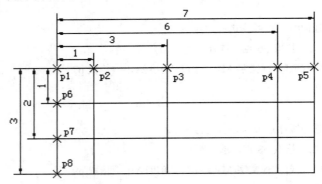

图 1.3-24 基线标注

**解** 命令提示如下：

命令：DIMLINEAR↙

指定第一条延伸线原点或 <选择对象>：(拾取 p1 点)

指定第二条延伸线原点：(拾取 p2 点)

指定尺寸线位置或[......]：(指定尺寸线位置)

标注文字 = 1

命令：DIMBASELINE↙

指定第二条延伸线原点或 [放弃(U)/选择(S)] <选择>：(拾取 p3 点)

标注文字 = 3

指定第二条延伸线原点或 [放弃(U)/选择(S)] <选择>：(拾取 p4 点)

标注文字 = 6

指定第二条延伸线原点或 [放弃(U)/选择(S)] <选择>：(拾取 p5 点)

标注文字 = 7

指定第二条延伸线原点或 [放弃(U)/选择(S)] <选择>：↙

选择基准标注：↙

命令：**DIMLINEAR**↙

相同方法完成垂直基线标注。

### 4. 连续标注

按照当前尺寸标注样式进行连续尺寸标注，将前一个尺寸标注的第二条延伸线作为下一个连续尺寸标注的第一条延伸线。连续标注的尺寸线处于同一位置。

1) 执行方式

(1) 键盘命令：**DIMCONTINUE** ↙。

(2) 菜单选项："标注"→"连续"。

(3) 工具按钮：标注工具栏→"连续"。

(4) 功能区面板："注释"→"标注"→"连续"。

2) 命令提示

命令提示如下：

选择连续标注：(选取某尺寸标注的一个延伸线作为连续标注的第一条延伸线，如果刚做过尺寸标注，则该提示不出现，将最近尺寸标注的第二条延伸线作为连续标注的第一条延伸线)

指定第二条延伸线原点或[放弃(U)/选择(S)]<选择>：(指定第二延伸线定义点，或输入 U、S)

标注文字 =<尺寸测量值>

➢ 指定第二条延伸线原点：指定第二条延伸线定义点，完成一个连续标注。

➢ 放弃(U)：输入 U，取消上一个连续标注。

➢ 选择(S)：输入 S，重新指定连续标注的第一延伸线。命令提示如下：

选择连续标注：(选取尺寸标注的一个延伸线作为连续标注的第一延伸线，如果按【Enter】键，则终止连续标注)

【例 1.3.7】 图形界限为 12×9。绘制并按连续标注方式标注尺寸，如图 1.3-25 所示。

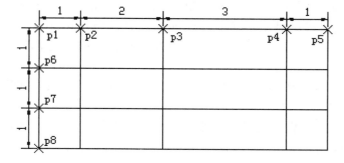

图 1.3-25 连续标注

**解** 命令提示如下：

命令：DIMLINEAR↙

指定第一条延伸线原点或 <选择对象>：(拾取 p1 点)

指定第二条延伸线原点：(拾取 p2 点)

指定尺寸线位置或[......]：(指定尺寸线位置)

标注文字 ＝1

命令：DIMCONTINUE↙

指定第二条延伸线原点或 [放弃(U)/选择(S)] <选择>：(拾取 p3 点)

标注文字 ＝2

指定第二条延伸线原点或 [放弃(U)/选择(S)] <选择>：(拾取 p4 点)

标注文字 ＝3

指定第二条延伸线原点或 [放弃(U)/选择(S)] <选择>：(拾取 p5 点)

标注文字 ＝1

指定第二条延伸线原点或 [放弃(U)/选择(S)] <选择>：↙

选择连续标注：↙

命令：DIMLINEAR↙

### 5. 设置尺寸标注样式

在尺寸标注过程中需要按照某种尺寸标注样式(缺省样式)进行标注，缺省的尺寸标注样式形式单一、可读性差。AutoCAD 2010 提供了尺寸标注样式设置功能，通过这些功能，用户可以按要求修改或设置尺寸标注样式。

1) 通过对话框设置尺寸标注样式

通过"标注样式管理器"对话框设置尺寸标注样式。为了满足不同标注需要，可预先设置几种不同的尺寸标注样式并保存起来，供用户绘图时选用。AutoCAD 2010 允许设置父样式和子样式，子样式由父样式派生出来，而子样式设置的参数在进行尺寸标注时优先于父样式的同类参数。其执行方式如下：

(1) 键盘命令：DDIM↙。

(2) 菜单选项："标注"→"标注样式"。

(3) 工具按钮：标注工具栏→"标注样式"。

(4) 功能区面板："注释"→"标注"→"标注样式"。

弹出"标注样式管理器"对话框后，根据提示操作，如图 1.3-26 所示。

(1) 当前标注样式：显示出当前标注的样式名。"Standard"或"ISO-25"为默认样式。选择"公制"单位，默认样式为"ISO-25"；选择"英制"单位，默认样式为"Standard"。

(2) 样式：列表框，列出所有已设置并保存的尺寸标注样式(父样式和子样式)。其中，反向显示的样式为当前样式。

(3) 列出：下拉列表框，设置"样式"列表框中的显示条件。列表框有两种选择：所有样式和显示使用过的样式，打开列表框并选择一种显示条件。

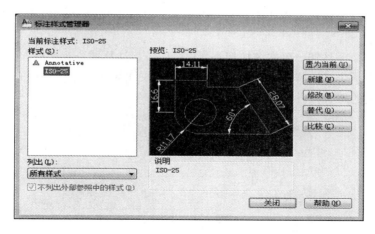

图 1.3-26　"标注样式管理器"对话框

(4) 不列出外部参照中的样式：复选框，控制是否在"样式"列表框中显示外部参照图形中的尺寸标注样式。选择该项，则显示。

(5) 预览：显示"样式"列表框中反向显示样式的预览图。

(6) 说明：显示"样式"列表框中反向显示样式的文字说明。

(7) 置为当前：命令按钮，将"样式"列表框选择的样式置为当前样式。

(8) 新建：命令按钮，单击该按钮，创建新标注样式，弹出对话框，如图 1.3-27 所示。

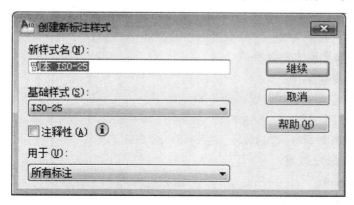

图 1.3-27　"创建新标注样式"对话框

① 新样式名：文字框，在文字框中输入新创建的样式名。

② 基础样式：下拉列表框，从样式列表清单中选择某样式为样板。

③ 用于：下拉列表框，从样式类型清单中指定适用于新建样式的尺寸标注类型。列表框中提供了 7 种类型：所有标注、线性标注、角度标注、半径标注、直径标注、坐标标注和引线标注。若指定"所有标注"，则创建父样式，反之创建子样式。

④ 继续：命令按钮，单击该按钮，完成样式创建，激活"新建标注样式"子对话框。该对话框同"修改标注样式"对话框，在子对话框中可设置修改有关参数。

(9) 替代：命令按钮，单击该按钮，激活"替代当前样式"对话框，同"修改标注样式"对话框。在该对话框中可临时修改标注参数，替代父样式中的相同标注参数，并在其后的尺寸标注中用替代后的样式进行标注，但也可以随时取消替代样式，还原到父样式进行标注。

(10) 比较：命令按钮，单击该按钮，弹出"比较标注样式"对话框，如图 1.3-28 所示，从中可查看任意两个标注样式存在的内容差别。如果比较的两个标注样式相同，则列出与该标注样式相关的所有尺寸变量及变量值。

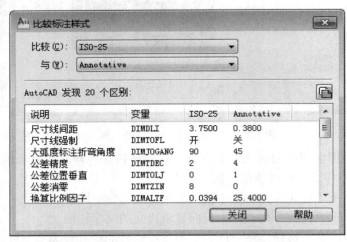

图 1.3-28　"比较标注样式"对话框

(11) 修改：命令按钮，单击该按钮，激活"修改标注样式"对话框，根据提示操作即可。

2) 通过命令设置尺寸标注样式

(1) 设置尺寸变量的值。

① 直接键入尺寸变量名设置。命令提示如下：

　　命令：(尺寸变量名)

　　输入(变量名)的新值 <当前值>：(输入新的尺寸变量值)

② 通过 DIM 命令设置。

　　命令：DIM↙

　　标注：(尺寸标注变量名)

　　输入标注变量的新值 <当前值>：(输入新的尺寸变量值)

③ 通过 SETVAR 命令设置。

　　命令：SETVAR↙

　　输入变量名或[?] <当前系统变量名>：(尺寸变量名)

　　输入(尺寸变量名) 的新值<当前值>：(输入新的尺寸变量值)

(2) 常用尺寸变量。

① dimse1：控制是否要第一条延伸线，初值为 0(关)。dimse1=0(关)，有第一条延伸线；dimse1=1 (开)，无第一条延伸线。

② dimse2：控制是否要第二条延伸线，初值为 0(关)。dimse2=0(关)，有第二条延伸线；dimse2=1 (开)，无第二条延伸线。

## 五、任务实施

为标准图框添加标注之前，首先设置标注样式，然后根据图中标注的特点，使用合适的方式添加标注，主要步骤如下：

(1) 在"菜单栏"中的"格式"处，单击"标注样式"，打开"标注样式管理器"对话框。

(2) 选中左侧"ISO-25"，单击"新建"按钮，打开"创建新标注样式"对话框，如图 1.3-29 所示，新样式名为"工程标注"。

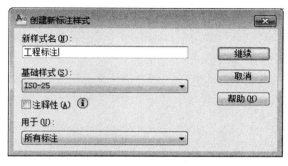

图 1.3-29　"创建新标注样式"对话框

(3) 然后单击"继续"按钮，切换至"文字"选项卡，利用前面所学的知识，设置文字外观，字体为"宋体"。

(4) 单击"确定"按钮，然后在"标注样式管理器"对话框中单击"置为当前"按钮，并关闭。

(5) 为工程图框添加标注，图框标题栏如图 1.3-30 所示。首先添加"线性标注"，并注意拾取点的顺序，即拾取点 1→拾取点 2。然后在菜单栏"标注"中，单击"连续标注"，选中已添加的标注以后，自动生成拾取点 2 处的一条标注延伸线，接着指定下一端点，即可成功添加标注，如图 1.3-31 所示。

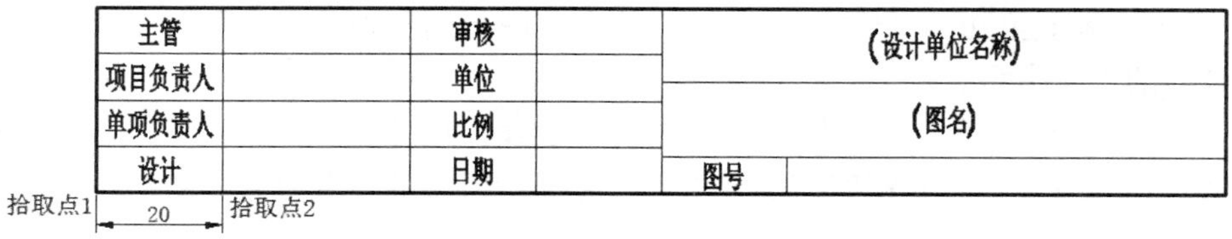

| 主管 | | 审核 | | (设计单位名称) | | |
|---|---|---|---|---|---|---|
| 项目负责人 | | 单位 | | | | |
| 单项负责人 | | 比例 | | (图名) | | |
| 设计 | | 日期 | | 图号 | | |

拾取点1　　20　　拾取点2

图 1.3-30　图框标题栏

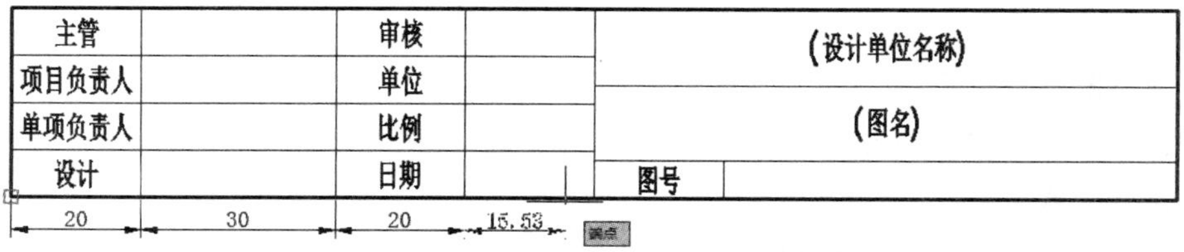

| 主管 | | 审核 | | (设计单位名称) | | |
|---|---|---|---|---|---|---|
| 项目负责人 | | 单位 | | | | |
| 单项负责人 | | 比例 | | (图名) | | |
| 设计 | | 日期 | | 图号 | | |

20　　30　　20　　15.53　　端点

图 1.3-31　连续标注

(6) 重复上述添加标注的步骤，完成添加图框的标注，如图 1.3-32 所示。

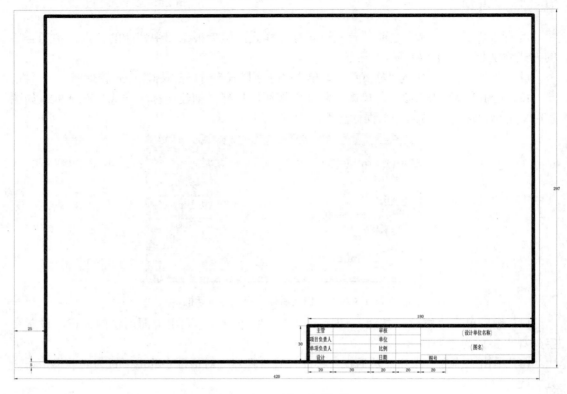

图 1.3-32　通信工程图图框

# 六、任务小结

尺寸标注是工程绘图过程中的重要环节。一般来说，图形标注应遵循下面步骤：

(1) 为尺寸标注创建一个独立的图层，使之与图形的其他信息分隔开；为尺寸标注文本建立专门的文本类型。

(2) 打开"标注样式"对话框，然后设置尺寸线、尺寸界线、比例因子、尺寸格式、尺寸文本、尺寸单位、尺寸精度以及公差等，并保持所做的设置有效。

(3) 利用目标捕捉方式快速拾取定义点。

# 七、拓展提高

## 1. 直径标注

按照当前尺寸标注样式，标注指定圆、圆弧的直径尺寸。

1) 执行方式

(1) 键盘命令：DIMDIAMETER↙。

(2) 菜单选项："标注" → "直径"。

(3) 工具按钮：标注工具栏→"直径"。

(4) 功能区面板："注释"→"标注"→"直径"。

2) 命令提示

命令提示如下：

　　DIMDIAMETER↙

　　选择圆弧或圆：(选择圆或圆弧)

　　标注文字 ＝<尺寸测量值>

　　指定尺寸线位置或[多行文字(M)/文字(T)/角度(A)]：(拾取尺寸线位置或输入 M、T、A)

**说明：** 可修改有关尺寸标注变量来改变尺寸标注样式，如图 1.3-33 所示。

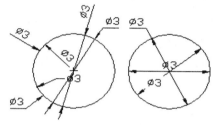

图 1.3-33　直径标注

## 2．半径标注

按照当前尺寸标注样式标注指定圆、圆弧的半径尺寸。

1) 执行方式

(1) 键盘命令：DIMRADIUS↙。

(2) 菜单选项："标注"→"半径"。

(3) 工具按钮：标注工具栏→"半径"。

(4) 功能区面板："注释"→"标注"→"半径"。

2) 命令提示

命令提示如下：

　　DIMRADIUS↙

　　选择圆弧或圆：(选择圆或圆弧)

　　标注文字 ＝　<尺寸测量值>

　　指定尺寸线位置或[多行文字(M)/文字(T)/角度(A)]：(拾取尺寸线位置或输入 M、T、A)

**说明：** 可修改有关尺寸标注变量来改变尺寸标注样式，如图 1.3-34 所示。

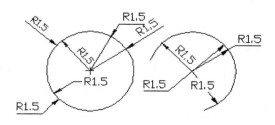

图 1.3-34　半径标注

### 3. 角度标注

按照当前尺寸标注样式标注两直线间夹角、圆心角或不在一直线上的三点构成的角度。

1) 执行方式

(1) 键盘命令：DIMANGULAR↙。

(2) 菜单选项："标注"→"角度"。

(3) 工具按钮：标注工具栏→"角度"。

(4) 功能区面板："注释"→"标注"→"角度"。

2) 命令提示

命令提示如下：

> 选择圆弧、圆、直线或 <指定顶点>：(选择圆、圆弧、直线或按【Enter】键)

➤ 选择圆弧：标注圆弧的中心角。命令提示如下：

> 指定标注弧线位置或 [多行文字(M)/文字(T)/角度(A)/象限点(Q)]：(拾取尺寸线位置或输入 M、T、A、Q)

> 标注文字 = <尺寸测量值>

➤ 选择圆：标注第二拾取点与圆心构成的中心角。命令提示如下：

> 指定角的第二个端点：(拾取第二点，该点可在圆上，也可不在圆上)

> 指定标注弧线位置或 [多行文字(M)/文字(T)/角度(A)/象限点(Q)]：(拾取尺寸线位置或输入 M、T、A、Q)

> 标注文字 = <尺寸测量值>

➤ 选择直线：选择一条直线，标注两直线夹角。命令提示如下：

> 选择第二条直线：(选择一条直线)

> 指定标注弧线位置或 [多行文字(M)/文字(T)/角度(A)/象限点(Q)]：(拾取尺寸线位置或输入 M、T、A、Q)

> 标注文字 = <尺寸测量值>

➤ 指定顶点：按【Enter】键，标注三点构成的角度。命令提示如下：

> 指定角的顶点：(指定标注角度的顶点)

> 指定角的第一个端点：(指定标注角度的第一个端点)

> 指定角的第二个端点：(指定标注角度的第二个端点)

> 指定标注弧线位置或 [多行文字(M)/文字(T)/角度(A)/象限点(Q)]：(拾取尺寸线位置或输入 M、T、A、Q)

> 标注文字 = <尺寸测量值>

3) 说明

① 只能标注小于 180° 的角。

② AutoCAD 2010 允许用户以基线或连续标注方式标注角度尺寸。

③ 选择"象限点"选项，标注角度尺寸后，角度标注被锁定到的象限，将标注文字放置在角度标注外。此时，尺寸线会延伸超过延伸线。

【例 1.3.8】 绘制并按角度标注方式标注尺寸，如图 1.3-35 所示。

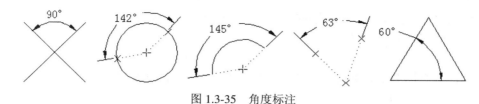

图 1.3-35　角度标注

**解**　命令提示略。

### 4．尺寸标注编辑

对已标注的尺寸对象，可使用尺寸编辑命令对其进行修改。用户可使用尺寸编辑命令修改标注文字的内容、位置、倾角和字型，以及延伸线的倾角等。

1）使用"特性"和"快捷特性"选项板修改尺寸标注特性

(1) 执行方式。

① 键盘命令：PROPERTIES 或 DDMODIFY✓。

② 菜单选项："特性"。

③ 工具按钮：标准工具栏→"特性"。

④ 功能区面板："常用"选项卡→"特性"按钮→"特性"对话框。

⑤ 选择尺寸标注对象。

(2) 弹出"特性"或"快捷特性"选项板，在选项板中可修改尺寸标注的大部分特性。激活"特性"或"快捷特性"选项板后，选择待修改尺寸标注，对话框中将给出尺寸标注有关特性，单击待修改特性处，输入或选择新的特性值即可。显示为灰色的特性为只读项，不能修改。

2）修改尺寸标注

(1) 执行方式。

① 键盘命令：DIMEDIT✓。

② 菜单选项："标注"→"倾斜"。

③ 工具按钮：标注工具栏→"编辑标注"。

④ 功能区面板："注释"→"标注"→"倾斜"。

(2) 命令提示。

命令提示如下：

　　输入标注编辑类型[默认(H)/新建(N)/旋转(R)/倾斜(O)] <默认>：(输入 H、N、R 或 O)

➤ 默认(H)：输入 H，按缺省位置、方向放置指定尺寸文字(恢复)。命令提示如下：

　　选择对象：(选择尺寸标注对象)

➤ 新建(N)：输入 N，弹出"多行文字编辑器"，输入新文字值即可修改指定尺寸标注对象的文字内容。命令提示如下：

　　选择对象：(选择尺寸标注对象)

➤ 旋转(R)：输入 R，将指定尺寸对象的文字按指定角度旋转。命令提示如下：

　　指定标注文字的角度：(输入旋转角度)

　　选择对象：(选择尺寸标注对象)

➢ 倾斜(O)：输入 O，将指定对象的延伸线按指定角度倾斜。命令提示如下：

> 选择对象：(选择尺寸标注对象)

> 输入倾斜角度 (按【Enter】键表示无)：(输入倾斜角度)

**说明**：只有用 DIMEDIT 或 STRETCH 命令改动后的尺寸文字，才能用默认(H)恢复。

3) 编辑修改尺寸位置

(1) 执行方式。

① 键盘命令：DIMTEDIT✓。

② 菜单选项："标注" → "对齐文字"。

③ 工具按钮：标注工具栏→ "编辑标注文字"。

④ 功能区面板："注释" → "标注" → "文字角度" / "左对正" / "右对正" / "居中对正"。

(2) 命令提示。

命令提示如下：

> 选择标注：(选择尺寸标注对象)

> 指定标注文字的新位置或 [左(L)/右(R)/中心(C)/默认(H)/角度(A)]：(输入 L、R、C、H、A 或拾取新位置)

➢ 指定标注文字的新位置：拾取新位置，将尺寸文字放置在新位置处。

➢ 左(L)：输入 L，将文字放置在尺寸线的左边。

➢ 右(R)：输入 R，将文字放置在尺寸线的右边。

➢ 中心(C)：输入 C，将文字放置在尺寸线的中间。

➢ 默认(H)：输入 H，按缺省位置、方向放置尺寸文字。

➢ 角度(A)：输入 A，将尺寸文字旋转指定角度。命令提示如下：

> 指定标注文字的角度：(输入旋转角度)

4) 修改(更新)尺寸标注样式

(1) 执行方式。

① 键盘命令：DIMSTYLE✓。

② 菜单选项："标注" → "更新"。

③ 工具按钮：标注工具栏→ "标注更新"。

④ 功能区面板："注释" → "标注" → "更新"。

(2) 命令提示。

命令提示如下：

> 当前标注样式：<当前标注样式>

> 输入标注样式选项[注释性(AN)/保存(S)/恢复(R)/状态(ST)/变量(V)/应用(A)/?] <恢复>：(输入 AN、S、R、ST、V、A 或？)

➢ 注释性(AN)：输入 AN，将标注样式指定为注释性标注样式。

➢ 保存(S)：输入 S，将当前尺寸变量设为一种尺寸标注样式并保存。命令提示如下：

> 输入新标注样式名或 [?]：(输入新标注样式名)

➢ 恢复(R)：输入 R，恢复某标注样式为当前尺寸标注样式。命令提示如下：

　　　　输入标注样式名、[?] 或 <选择标注>：(输入待恢复标注样式名或选择某尺寸标注)

　　　　选择标注：(选择尺寸标注，将该尺寸标注样式作为当前尺寸标注样式)

> 状态(ST)：输入 ST，查看当前全部尺寸的变量值。

> 变量(V)：输入 V，查看某标注样式尺寸的变量值。

> 应用(A)：输入 A，根据当前尺寸标注样式，更新指定尺寸标注，类似 UPDATE 命令。命令提示如下：

　　　　选择对象：(选择尺寸标注对象)

**说明**：可用"尺寸样式管理器"完成上述操作。

5) 使用钳夹功能修改尺寸标注

在"命令："提示下，选择某尺寸标注对象，双击尺寸标注对象上的特征点，可对其进行移动、复制、拉伸、镜像等操作，从而起到修改尺寸标注的目的。

## 项目实训

运用所学的 AutoCAD 2010 绘图命令和使用方法，完成通信工程制图图框的绘制，如图 1.3-36，1.3-37，1.3-38 所示。

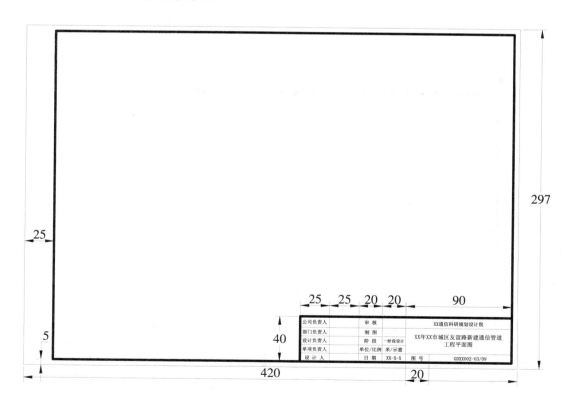

图 1.3-36　通信工程图图框 1

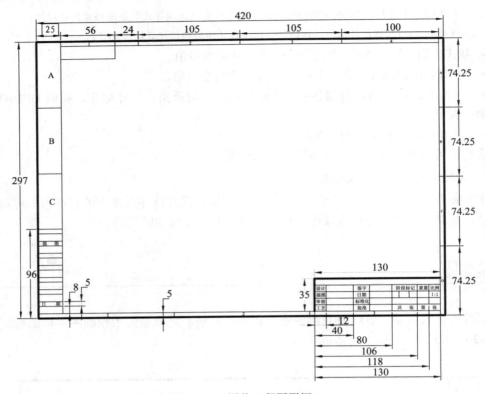

图 1.3-37　通信工程图图框 2

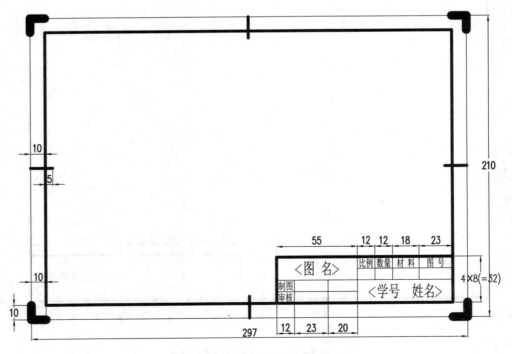

图 1.3-38　通信工程图图框 3

# 项目四　绘制典型的通信工程制图

## 项目要求 ✍

通信工程图是一种示意性工程图，它主要用图形符号、线框或者简化外形表示系统或设备中各组成部分之间的相互关系及其连接。本项目旨在让大家掌握通信线路工程图、通信管道工程图、机房设备安装图的特点和作图规则。学习的具体要求如下：

- 掌握通信工程图的相关制图规范，并能正确设置通信工程图的绘图环境，并进行模板的绘制；
- 了解各类通信工程图的符号，能读懂各种通信工程施工图纸；
- 完成通信工程图所需模块的创建与编辑；
- 能绘制符合要求的通信工程图。

## 任务 1　绘制通信线路工程图

### 一、任务目标

(1) 掌握通信线路工程图的制图规范，并掌握文字样式、表格样式的设置。
(2) 完成通信线路工程图的绘制。

### 二、任务描述

绘制某小区电缆接入主干电缆图如图 1.4-1 所示。

### 三、任务解析

正确设置绘图环境、格式图层以及文字、表格样式等，明确通信管道工程图的绘制要求，分解工程图纸，确定绘图顺序以及每个部分的绘制方法。

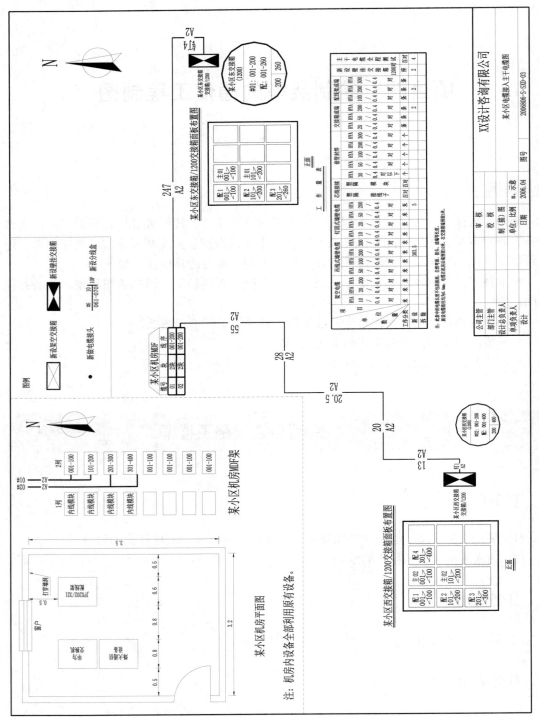

图 1.4-1 某小区电缆接入主干电缆图

## 四、相关知识

### 1. 表格及 Excel 的应用

AutoCAD 2010 允许在图形中创建一些表格对象，如设计人员名单、施工原料清单、工程配料明细等。

AutoCAD 2010 提供了"插入表格"对话框，可通过"插入表格"对话框来创建表格对象。"插入表格"对话框为用户提供了丰富的表格特性(表格样式、文字高度、插入方式、行数、行高、列数、列宽等)，供用户选择使用。

表格是一个由若干行、列构成，且行、列中包含有特定文字和数据的复合对象。首先通过表格样式创建一个空表格对象，然后在表格单元格中添加文字和数据，也可将表格链接至 Excel 电子表格，导入其中的数据。表格创建后，显示构成表格的网格线，用户通过"特性"选项板或表格夹点来修改和调整表格，如图 1.4-2 所示。按鼠标左键，拖动夹点，可轻松方便地改变表格宽度、表格列宽、表格高度，移动表格，打断分拆表格。

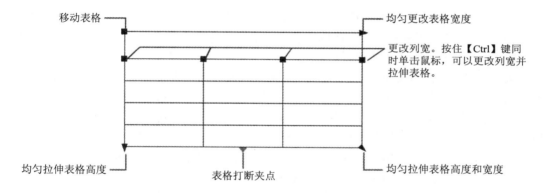

图 1.4-2　表格网格线和表格夹点

表格对象创建后，选择表格单元格，双击鼠标，弹出"文字编辑器"功能区面板和"文字格式"工具栏，在单元格内输入或修改单元格数据内容，类似于多行文字输入和修改操作。单元格内容可相互移动或复制。

1) 表格插入

(1) 执行方式。

① 键盘命令：TABLE↙。

② 菜单选项："表格"。

③ 工具按钮：绘图工具栏→"表格"。

④ 功能区面板："常用"→"注释"→"表格"。

(2) 命令提示。

执行表格命令后，弹出"插入表格"对话框，如图 1.4-3 所示。根据提示设置表格有关特性，单击"确定"按钮，关闭对话框。通常，在命令输入区指定表格插入点，在表格单元格内输入数据，按【Tab】键或【←】、【→】、【↑】、【↓】方向键选择单元格，通过"文字格式"工具栏设置文字格式。

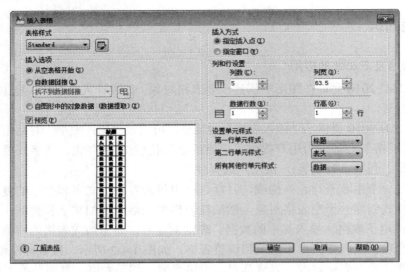

图 1.4-3 "插入表格"对话框

① 表格样式：下拉列表框。从列表清单中选择表格样式(Standard 为默认表格样式)。单击右侧按钮，弹出"表格样式"对话框，根据提示新建或修改表格样式。对话框下面"预览"区域给出指定表格样式的格式样例。

② 指定插入点(I)：单选框。选择该项，用键盘或鼠标指定表格左上角插入点。指定插入点后，按所设置的表格特性在插入点位置生成空白表格，同时弹出"文字格式"工具栏。此时，光标停在第一个单元格内等待输入数据，按要求依次输入其他单元格数据。在单元格数据输入过程中，可随时设置和修改文字格式。

③ 指定窗口(W)：单选框。选择该项，用键盘或鼠标指定矩形窗口两对角顶点，确定表格范围，列数和行高在"插入表格"对话框中设置，数据行数和列宽由窗口大小确定。

④ 从空表格开始(S)：单选框。选择该项，创建空表格，表格数据由用户输入。

⑤ 自数据链接(L)：单选框。选择该项，从 Excel 电子表格中导入表格数据。单击右侧按钮，链接 Excel 文件，导入全部或部分数据。

⑥ 自图形中的对象数据(数据提取)(X)：单选框。选择该项，导入图形中提取的对象数据。若数据已提取至数据提取文件(dxe 文件)，则选择数据提取文件导入数据，否则从图形文件中创建新的数据提取文件导入。

⑦ 列数、列宽、数据行数、行高：文本框。在文本框中输入列数、列宽、数据行数和行高。

⑧ 设置单元样式：设置第一行、第二行及所有其他行单元样式(标题、表头、数据)。

2) 表格编辑

表格创建后，可随时根据需要对表格进行编辑，有 3 种编辑方式，分别是：表格数据编辑、表格结构编辑和表格单元编辑。

(1) 表格数据编辑。

双击待修改数据的表格单元，弹出"文字编辑器"功能区面板和"文字格式"工具栏。进入表格数据编辑状态，类似多行文字编辑，可增加、删除和更新数据。通过"文字编辑器"功能区面板和"文字格式"工具栏可改变数据格式特性，也可通过"表格数据编辑"快捷菜单修改表格数据。

(2) 表格结构编辑。

单击表格网线，选择表格，表格呈虚线状，同时弹出"快捷特性"选项板如图 1.4-4 所示。通过夹点编辑功能和"快捷特性"选项板对表格进行编辑修改，修改表格宽度、表格列宽、表格高度、图层、样式、方向，移动表格，打断分拆表格。右击鼠标弹出"表格结构编辑"快捷菜单，提供标准或特有的编辑选项(剪切、复制、粘贴、删除、移动、复制选择、缩放、旋转、绘图顺序、均匀调整列大小、均匀调整行大小、删除所有特性替代、输出、表指示器颜色、更新表格数据链接、将数据链接写入外部源等)，可根据需要对表格结构进行编辑修改。

图 1.4-4 "快捷特性"选项板

说明：

① 表格可作为图形对象进行删除、复制、移动、旋转、缩放。

② 可将表格行、列进行均匀调整(列宽相等、行高相等)。

③ 可将表格数据按逗号分隔导出到外部文件(扩展名为 csv)，供其他软件使用。

(3) 表格单元编辑。

单击表格单元，选择单元格，也可拖动鼠标(或按【Shift】键时单击对角单元)框选多个单元格。右击鼠标弹出"表格单元编辑"快捷菜单，提供标准或特有的编辑选项(剪切、复制、粘贴、单元样式、背景填充、单元对齐、单元边框、单元锁定、数据格式、匹配单元、数据链接、插入图块、插入字段、插入公式、编辑文字、管理内容、删除内容、插入列、删除列、均匀调整列大小、插入行、删除行、均匀调整行大小、删除所有特性替代、合并单元、取消合并、特性)。根据需要选择菜单项对表格单元进行编辑修改。

说明：

① 可按左上、中上、右上、左中、正中、右中、左下、中下、右下对齐方式对齐数据。

② 可设置单元格边框线宽和颜色。

③ 可在单元格中插入图块；可按行、列合并单元格。

3) 设置表格样式

在图形中创建、修改或指定表格样式。

(1) 执行方式。

① 键盘命令：TABLESTYLE✓。

② 菜单命令："格式"→"表格样式"。

③ 工具按钮：样式工具栏→"表格样式"。

④ 功能区面板："常用"→"注释"→"表格样式"。

(2) 命令提示。

执行命令后，弹出"表格样式"对话框，如图 1.4-5 所示。根据提示设置、新建、修改表格样式。

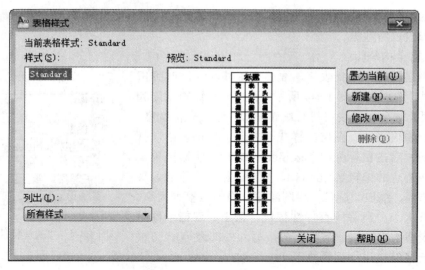

图 1.4-5 "表格样式"对话框

① 样式(S): 列表区。列出所有表格样式名, 选中一表格样式名, 单击右侧按钮, 可将其置为当前、修改或删除。右侧给出所选表格样式预览图形。置为当前的表格样式作为表格插入时使用的表格样式。

② 列出(L): 下拉列表框。从列表清单中选择样式类别(所有样式、正在使用样式)。

③ 置为当前(U): 命令按钮。单击该按钮, 将所选表格样式置为当前样式。

④ 新建(N): 命令按钮。单击该按钮, 弹出"创建新表格样式"对话框, 键入新样式名后, 单击"继续"按钮, 弹出"新建表格样式"对话框。对话框有 3 个选项卡(常规、文字、边框), 如图 1.4-6、图 1.4-7、图 1.4-8 所示, 可根据提示设置表格样式的有关特性。

图 1.4-6 "新建表格样式"对话框

图 1.4-7 "文字"选项卡

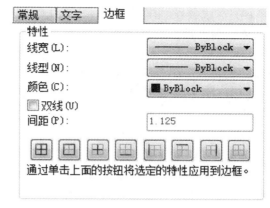

图 1.4-8 "边框"选项卡

⑤ 修改(M)：命令按钮。单击该按钮，弹出"修改表格样式"对话框，类似"新建表格样式"对话框，可根据提示修改表格样式的有关特性。

⑥ 删除(D)：单击该按钮，将所选表格样式删除。

4) Excel 工具的应用

使用 Excel 工具将 Excel 文件中的数据导入至 CAD 绘图文件中，主要步骤如下：

(1) 依次单击菜单栏"绘图"→"表格"。

(2) 弹出表格对话框，选择"自数据链接"。

(3) 选择"启动数据链接管理器"或按下按钮。

(4) 选择"创建新的 Excel 数据链接"，弹出对话框，输入数据链接名称，单击"确定"。

(5) 单击"浏览文件"后的"..."按钮，找到需要导入的 Excel 文件，然后单击"确定"。

(6) 最后，在 CAD 绘图文件中，确定导入表格的位置。

## 2．通信线路工程图的要求及注意事项

1) 绘制线路施工图的要求

绘制线路施工图的要求如下：

(1) 线路图中必须有图框。

(2) 线路图中必须有指北针。

(3) 如需要反映工程量，则应在图纸中绘制出工程量表。

2) 有线通信线路工程施工图设计阶段的图纸内容及应达到的深度

有线通信线路工程施工图设计阶段的图纸内容及应达到的深度如下：

(1) 初步设计线路路由总图。

(2) 长途通信线路敷设定位方案的说明应附在比例为 1∶2000 的测绘地形图上。绘制线路位置图，并标明施工要求，如埋深、保护段落及措施、必须注意的施工安全地段及措施等；绘制地下无人站内设备安装及地面建筑的施工图；光缆进城区的路由示意图和施工图，以及进线室平面图、相关机房平面图。

(3) 线路穿越各种障碍点的施工要求及具体措施。每个较复杂的障碍点都应单独绘制施工图。

(4) 水线敷设、岸滩工程、水线房等施工图及施工方法说明。水线敷设位置及埋深应有河床断面测量资料为根据。

(5) 通信管道、人孔、手孔、光(电)缆引上管等的具体定位位置及建筑形式，孔内有关设备的安装施工图及施工要求；管道、人孔、手孔结构及建筑施工采用定型图纸，非定型设计应附有结构及建筑施工图；对于有其他地下管线或障碍物的地段，应绘制剖面设计图，标明其交点位置、埋深及管线外径等。

(6) 长途线路的维护区段划分、巡房设置地点及施工图(巡房建筑施工图另由建筑设计单位编发)。

(7) 本地线路工程还应包括配线区划分、配线线路路由及建筑方式、配线区设备配置地点位置设计图、杆路施工图、用户线路的割接设计和施工要求说明。施工图应附有中继、主干光缆和电缆、管道等的分布总图。

(8) 枢纽工程或综合工程中有关设备安装工程进线室铁架安装图、电缆充气设备室平面布置图、进局光(电)缆及成端光(电)缆施工图。

**3. 出设计时图纸中的常见问题**

通信工程设计一般包括以下几部分：设计说明、概预算说明，以及表格、附表、图纸。当完成一项工程设计时，在绘制工程图方面，根据以往的经验，常会出现以下问题：

(1) 图纸说明中序号排列错误。

(2) 图纸说明中缺标点符号。

(3) 图纸中出现尺寸标注字体不一致或标注太小现象。

(4) 图纸中缺少指北针。

(5) 平面图或设备走线图在图框中缺少单位 mm。

(6) 图框中的图号与整个工程编号不一致。

(7) 出设计时前后图纸编号顺序有问题。

(8) 出设计时图框中图名与目录不一致。

(9) 出设计时图纸中内容颜色有深浅之分。

# 五、任务实施

绘制如图 1.4-1 所示的某小区电缆接入主干电缆图的主要步骤如下：

(1) 根据工程图的整体组成部分，完成图层线型、线宽和颜色等绘图环境的设置。

(2) 完成工程图图框的绘制，如图 1.4-9 所示。

(3) 确定绘图顺序为：工程图例(如图 1.4-10 所示)→某小区机房(某小区机房平面图如图 1.4-11 所示和某小区机房 MDF 架如图 1.4-12 所示)→新设壁挂交接箱(某小区西区和某小区东区)→交接箱面板布置图(某小区西交接箱面板布置图(正面)如图 1.4-13 所示和某小区东交接箱面板布置图(正面)如图 1.4-14 所示)→机房与小区之间的线路走向→技术标注→主要工作量表及工程文字说明。

(4) 全局调整所绘制的图形，使其清楚明确地反映线路的起止位置和线路走向，完成的效果如图 1.4-1 所示。

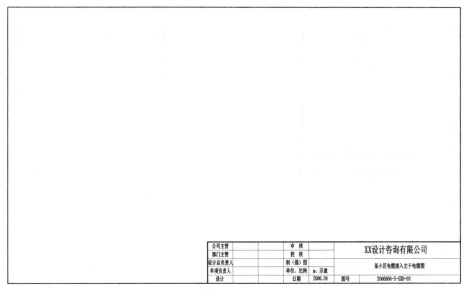

| 公司主管 | | 审 核 | | XX设计咨询有限公司 | |
|---|---|---|---|---|---|
| 部门主管 | | 校 核 | | | |
| 设计总负责人 | | 制（播）图 | | 某小区电缆接入主干电缆图 | |
| 单项负责人 | | 单位、比例 | 图、示意 | | |
| 设计 | | 日期 | 2006.04 | 图号 | 2006806-S-SXD-03 |

图 1.4-9　工程图图框

　新设架空交接箱　　　新设壁挂交接箱

●　新做电缆接头　　$\dfrac{\#6\quad 10}{061\text{-}070}$10P　新设分线盒

图 1.4-10　工程图例

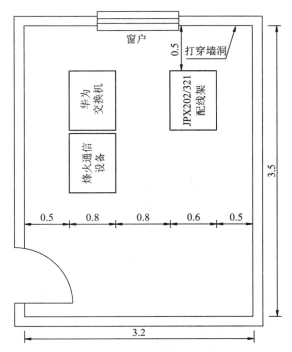

图 1.4-11　某小区机房平面图

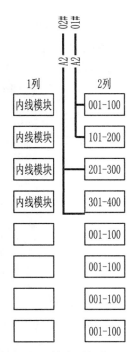

图 1.4-12　某小区机房 MDF 架

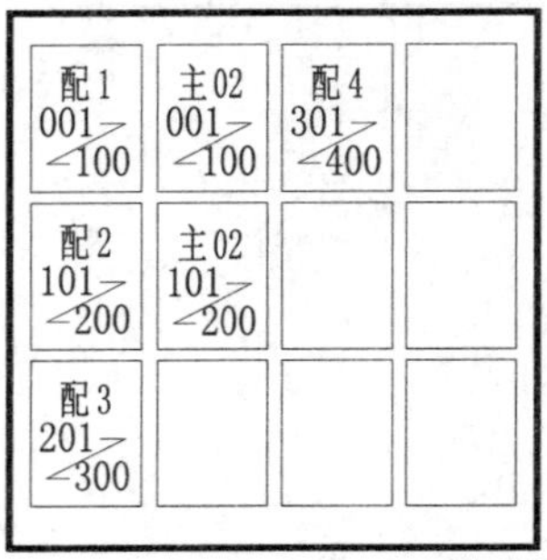

| 配1<br>001/<br>/100 | 主02<br>001/<br>/100 | 配4<br>301/<br>/400 | |
|---|---|---|---|
| 配2<br>101/<br>/200 | 主02<br>101/<br>/200 | | |
| 配3<br>201/<br>/300 | | | |

| 配1<br>001/<br>/100 | 主01<br>001/<br>/100 | | |
|---|---|---|---|
| 配2<br>101/<br>/200 | 主01<br>101/<br>/200 | | |
| 配3<br>201/<br>/260 | | | |

图 1.4-13  某小区西交接箱面板布置图(正面) 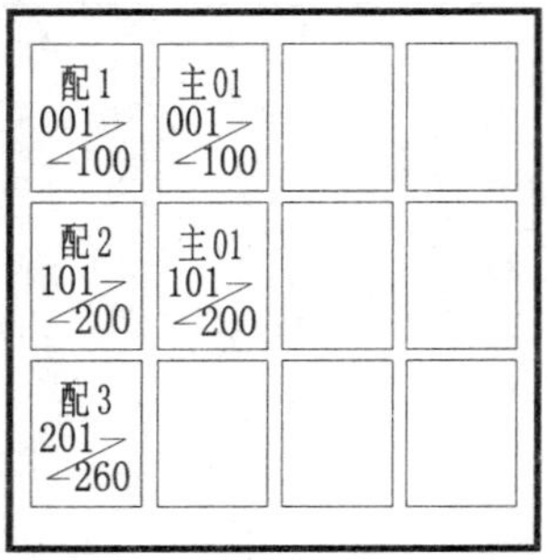　　　图 1.4-14  某小区东交接箱面板布置图(正面)

## 六、任务小结

绘制通信线路工程图的大致步骤如下：

一是绘图环境的设置，包括：① 图形界限，图层新建，线型、线宽和颜色以及文字样式等的设置；② 工程图纸选用的幅面(如 A3、A4 等)。

二是绘图顺序，一般情况下按照：图框以及图框信息→工程图例→工程平面图和线路走向→技术文字标注→工程说明→主要工作量表。其整体布局要能够清楚明确地反映线路的起止位置、线路走向的方位角，绘制偏差应控制在读图容许误差可接受的范围内(以不引起施工歧义为判断基准)。

## 七、拓展提高

在模型空间打印图纸，主要操作过程：

(1) 单击缩放工具栏上的"范围绽放"按钮，将要打印的对象置于全屏窗口状态。

(2) 执行打印命令后，系统弹出"打印-模型"对话框如图 1.4-15 所示，点击页面设置

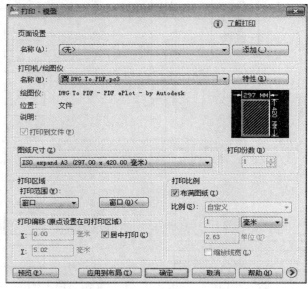

图 1.4-15  "打印"对话框

名称编辑框处的"添加"按钮，在弹出的"添加页面设置"对话编辑框中，输入新的页面设置名"架空线路施工图"，完成页面设置的名称设置。

(3) 在图纸尺寸编辑框处选择"ISO expand A3 (297.00×420.00 毫米)"，打印范围处选择"窗口"，打印比例处选择"布满图纸"，打印偏移处选择"居中打印"，在进行完相关设置后，可通过预览按钮查看图纸效果，最后打印输出图形。

## 任务 2    绘制通信管道工程图

### 一、任务目标

(1) 掌握通信管道工程图的制图规范。
(2) 掌握通信管道工程图的绘制。

### 二、任务描述

绘制通信管道工程图——SK1 手孔图，如图 1.4-16 所示。

### 三、任务解析

正确设置绘图环境、格式图层，以及文字、表格样式等，明确通信管道工程图的绘制要求，分解工程图纸，确定绘图顺序以及每个部分的绘制方法。

### 四、相关知识

#### 1．通信管道概述

1) 管道网的构成

管道是用以穿放光、电缆的一种管线建筑，由人(手)孔以及与之相连接的管路构成。管道按照使用性质和分布段落，可分为用户管道和局间中继管道。

(1) 用户管道：从电话局电缆进线室引出，用来穿放用户电缆的管道。按其使用要求，分为主干管道和配线管道。

① 主干管道：采用隧道或多孔管道两种建筑形式，用来穿放 400 对以上的主干电缆。

② 配线管道：主干管道的分支，用于穿放配线电缆。由于配线电缆对数较小(300 对以下)，故管孔直径可以小一些，管道容量一般为 2～3 孔。

(2) 局间中继管道：建筑在分局或市话局与长途局之间的管道，供穿放局间中继电缆使用。

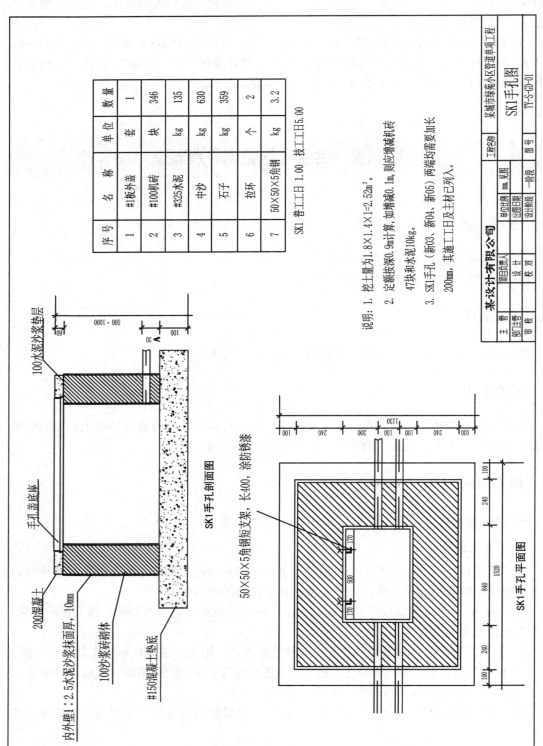

图 1.4-16 通信管道工程图——SK1 手孔图

2) 管道规划的内容

管道规划要从服务整个城市通信电缆线路系统来考虑。在总体的系统分布上，必须满足今后的发展需要，其中包括管道系统的合理分布、各条路由之间的相互支援、与城市建设总体规划的配合，以及电缆线路系统的互相衔接等。这些都应在管道规划中有所体现和阐明，并充分表达出管道网系统在技术和经济上的合理性。

在管道规划中，对所有电缆管道路由和位置、管孔数量、管群组合和管孔排列、管道的建筑方式和人孔的选型等重大的技术问题，都应充分说明所考虑的因素，确定这些重要技术问题的主要依据。

在确定管道系统总体目标的基础上，结合市话线路网今后发展的实际需要，拟订出今后电缆管道扩建方案和分期建设计划，并估列各个时期大致需要的工程投资费用和材料数量，且还需考虑建设的可能条件。注意：城市的具体情况不同，管道规划的内容也应有所增减。例如有些城市中有江河存在，需采用桥上管道。在管道规划中应针对桥上管道的正桥和引桥上的管道部分阐述其确定的主要理由和技术要求。

3) 管道规划的要求

管道系统是由各条管道路由组成的整体，在规划设计中必须注意其整体性。因此，要求管道网路简单，灵活通融性大，地下化程度高，便于今后使用和扩建，适应能力强，符合市话线路网总体上(或称系统上)的实际需要。

管道系统是埋在地下的永久性建筑物，因此，在管道规划中必须有长远观点。因为建设管道较为困难，亦不易扩建，所以其满足年限较长，一般为 20 年(国外规定为 20～50 年)。规划时，必须慎重考虑其路由和容量，不能频繁扩建或任意拆换和改移，使其能长期有效地为电缆线路的发展需要服务。

管道的造价高、建设周期长，道路路面修复费用大。管道选线定位，必须讲究经济效益和社会效益。城市建设(道路和桥梁)、交通(车辆和行人)、环境保护(道路边的树木和绿化地带)和其他公用设施(煤气、上下水等地下管线)等都存在管道路由的安全性、管道施工的可能性等问题，这些都需要在管道规划中与有关单位协商确定，统一协调，务必使管道规划切实可行。

**2．通信管道工程图的要求**

通信管道工程图设计主要由平面设计和剖面设计两大部分组成。其主要绘图要求如下：

(1) 工程制图应根据表达对象的性质、目的与内容，选取合适的图幅及表达方式，完整地表述主题内容。

(2) 图面应布局合理，排列均匀，轮廓清晰且便于识别。

(3) 图样应选用合适的线条、线宽和颜色，避免图中的线条过粗或过细。

(4) 应正确使用国家标准和行业标准规定的图例和符号。派生的新的图例符号，应符合国家标准的派生规则，并在合适的地方加以说明。

(5) 在保证图面布局紧凑和使用方便的前提下，应选择合适的标注样式。

# 五、任务实施

如图 1.4-16 所示的通信管道工程图——SK1 手孔图绘制的主要步骤如下：

(1) 根据工程图的整体组成部分，完成图层线型、线宽和颜色等绘图环境的设置。

(2) 完成工程图图框的绘制，如图 1.4-17 所示。

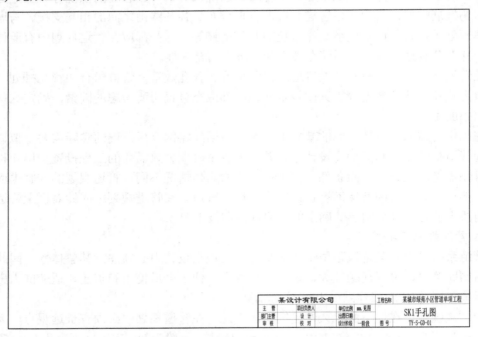

图 1.4-17　工程图图框

(3) 确定绘图顺序：SK1 手孔平面图(见图 1.4-18)→SK1 手孔剖面图(见图 1.4-19)→技术文字标注→主要工作量表及工程文字说明。

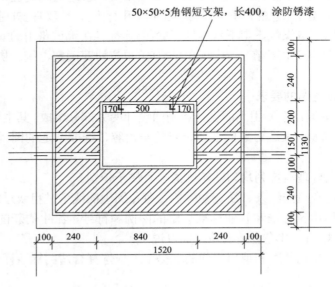

图 1.4-18　SK1 手孔平面图

(4) 全局调整所绘制的图形，使其清楚明确地反映手孔图的结构，完成效果如图 1.4-16 所示。

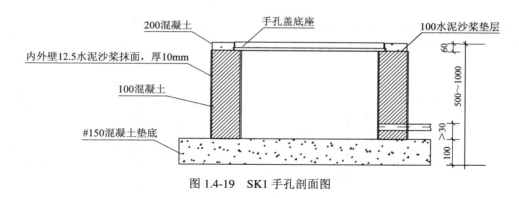

图 1.4-19　SK1 手孔剖面图

## 六、任务小结

绘制通信管道工程图的大致步骤如下：

一是设置绘图环境，包括：① 图形界限，图层新建，线型、线宽和颜色以及文字样式等的设置；② 工程图纸选用的幅面(如 A3、A4 等幅面)。

二是确定绘图顺序，一般情况下按照：图框以及图框信息→工程图例→手孔平面图、剖面图→管道路由平面图→技术文字标注→工程文字说明及主要工作量表。其整体布局要能够清楚明确地反映线路的起止位置、线路走向的方位角，绘制偏差应控制在读图容许误差可接受的范围内(以不引起施工歧义为判断基准)。

## 七、拓展提高

在模型空间打印工程图纸如图 1.4-16 所示。

## 任务 3　绘制机房设备安装图

## 一、任务目标

(1) 掌握机房设备平面图的相关制图规范，并能识读。

(2) 灵活运用 CAD 修改类命令，正确绘制图形中比较复杂的部分。

(3) 按照要求以及合适绘制思路，完成对该类图形的绘制。

## 二、任务描述

绘制 XX 市 XXX 路局 XX 机房机座安装图，如图 1.4-20 所示。

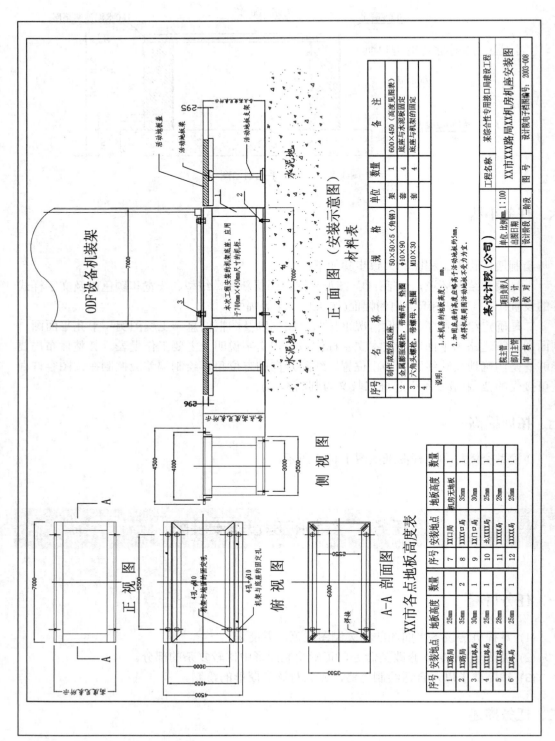

图 1.4-20　XX 市 XXXX 路局 XX 机房机座安装图

## 三、任务解析

分析工程图纸元素构成以及各组成部分的含义，分解工程图纸，确定绘图顺序以及每个部分的绘制方法。

## 四、相关知识

### 1．通信设备安装工程施工图设计阶段图纸内容及应达到的深度

通信设备安装工程施工图设计阶段图纸内容及应达到的深度如下：

(1) 数字程控交换工程设计：应附有市话中继方式图、市话网中继系统图、相关机房平面图。

(2) 微波工程设计：应附有全线路由图、频率极化配置图、通路组织图、天线高度示意图、监控系统图、各种站的系统图、天线位置示意图及站间断面图。

(3) 干线线路各种数字复用设备、光设备安装工程设计：应附有传输系统配置图、远期及近期通路组织图、局站通信系统图。

(4) 移动通信工程设计。

① 移动交换局设备安装工程设计：应附有全网网路示意图、本业务区网路组织图、移动交换局中继方式图、网同步图。

② 基站设备安装工程设计：应附有全网网路结构示意图、本业务区通信网路系统图、基站位置分布图、基站上下行传输损耗示意方框图、机房工艺要求图、基站机房设备平面布置图、天线安装及馈线走向示意图、基站机房走线架安装示意图、天线铁塔示意图、基站控制器等设备的配线端子图、无线网络预测图纸。

(5) 寻呼通信设备安装工程设计：应附有网路组织图、全网网路示意图、中继方式图、天线铁塔位置示意图。

(6) 供热、空调、通风设计：应附有供热、集中空调、通风系统图及平面图。

(7) 电气设计及防雷接地系统设计：应附有高、低压电供电系统图，变配电室设备平面布置图。

### 2．绘制机房平面图的要求

绘制机房平面图的要求如下：

(1) 机房平面图中内墙的厚度规定为 240 mm。

(2) 机房平面图中必须有出入口，例如：门。

(3) 必须按图纸要求尺寸将设备画进图中。

(4) 图纸中如有馈孔，勿忘将馈孔加进去。

(5) 必须在图中主设备上加尺寸标注(图中必须有主设备尺寸以及主设备到墙的尺寸)。

(6) 机房平面图中必须标有"XX 层机房"字样。

(7) 机房平面图中必须有指北针、图例、说明。

(8) 机房平面图中必须加设备配置表。

(9) 根据图纸、配置表将编号加进设备中。

(10) 要在图纸外插入标准图框，并根据要求在图框中加注单位比例、设计阶段、日期、图名、图号等。

**注**：建筑平面图、平面布置图以及走线架图必须在单位比例中加入单位(mm)。

## 五、任务实施

如图 1.4-20 所示的 **XX 市 XXX 路局 XX 机房机座安装图**绘制的主要步骤如下：

(1) 根据工程图的整体组成部分，完成图层线型、线宽和颜色等绘图环境的设置。

(2) 完成工程图图框的绘制，如图 1.4-21 所示。

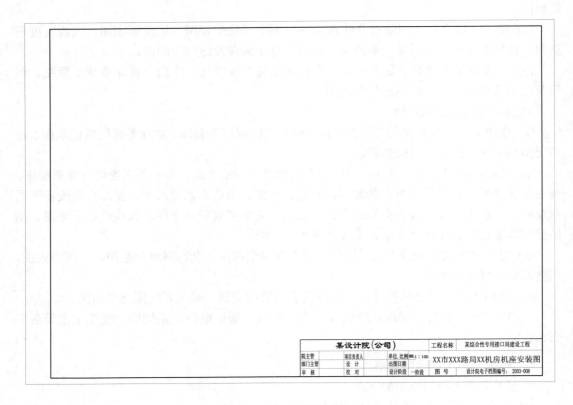

图 1.4-21　工程图图框

(3) 确定绘图顺序：机房机座的三视图(包括机房机座正视图如图 1.4-22 所示，机房机座俯视图如图 1.4-23 所示和机房机座侧视图如图 1.4-24 所示)→机房机座剖面图(见图 1.4-25)→机房机座正面安装示意图(见图 1.4-26)→技术文字标注→主要工作量表及工程文字说明。

(4) 全局调整所绘制的图形，使其清楚明确地反映机房机座的结构以及机座安装位置，完成效果如图 1.4-20 所示。

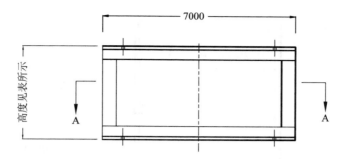

图 1.4-22 机房机座正视图

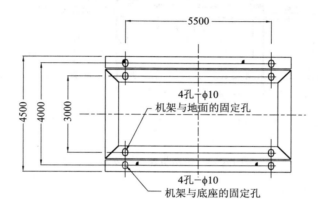

图 1.4-23 机房机座俯视图

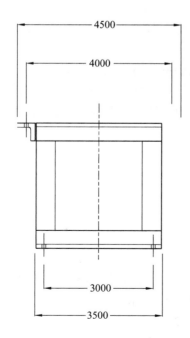

图 1.4-24 机房机座侧视图

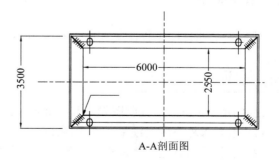

A-A剖面图

图 1.4-25 机房机座剖面图

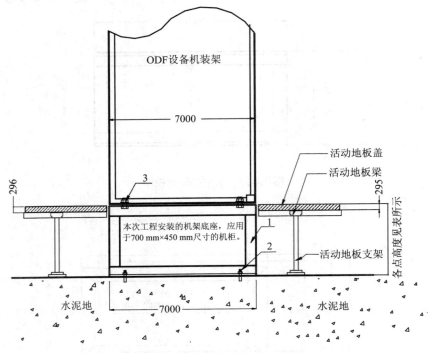

图 1.4-26  机房机座正面安装示意图

## 六、任务小结

绘制机房设备安装图的大致步骤如下：

一是设置绘图环境，包括：① 图形界限，图层新建，线型、线宽和颜色以及文字样式等的设置；② 工程图纸选用的幅面(如 A3、A4 等幅面)。

二是确定绘图顺序，一般情况下按照：图框以及图框信息→工程图例→机房设备三视图及剖面图→机房设备正面安装示意图→技术文字标注→工程文字说明及主要工作量表。其整体布局要能够清楚明确地反映设备的结构及安装位置等，绘制偏差应控制在读图容许误差可接受的范围内(以不引起施工歧义为判断基准)。

## 七、拓展提高

在模型空间打印工程图纸如图 1.4-20 所示。

## 项目实训

运用所学的通信工程制图知识和 AutoCAD 操作方法，绘制下面的通信工程图。

(1) 绘制 XX 小区电缆接入路由图(部分)，如图 1.4-27 所示。

(2) 绘制通信管道工程图——大号手孔，如图 1.4-28 所示。

(3) 绘制 XX 市人民路局机架和机框配置图，如图 1.4-29 所示。

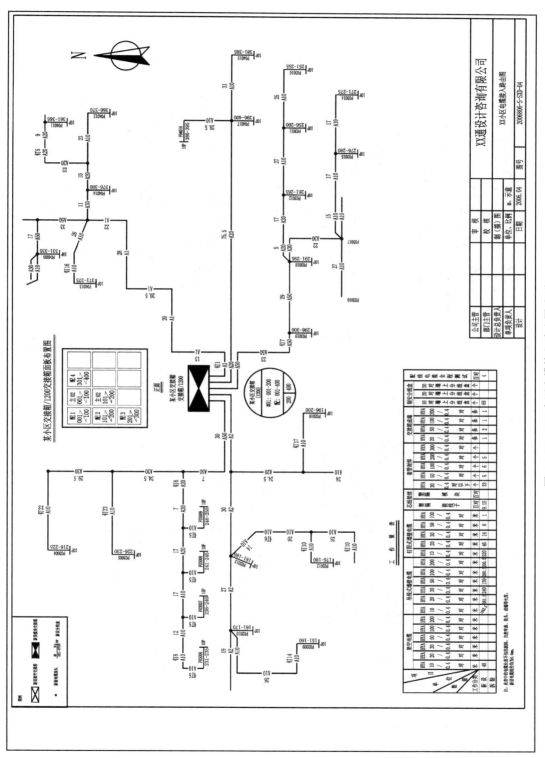

图 1.4-27 XX 小区电缆接入路由图(部分)

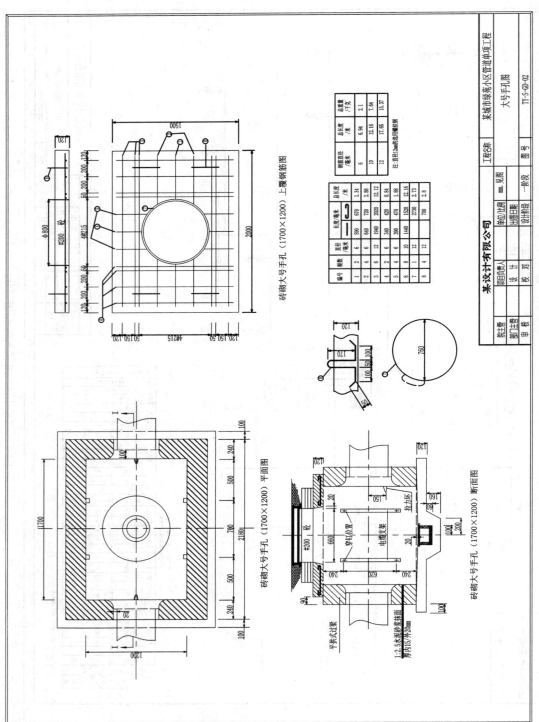

图 1.4-28 通信管道工程图——大号手孔

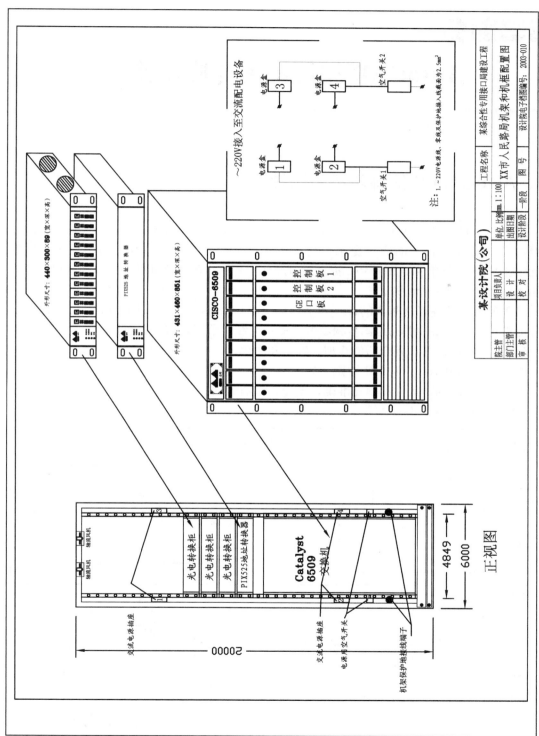

图 1.4-29　XX 市人民路局机架和机框配置图

# 第二部分
# AutoCAD 技能练习与应用技巧

## 一、AutoCAD 技能练习及步骤提示

初学 AutoCAD 时，有许多命令的功能选项和数值需要从键盘输入。因此，在绘图过程中要时刻注意命令行中的命令提示，建议牢记一些绘图的快捷命令。为了更好地掌握 AutoCAD 的操作技能和绘图技巧，提高绘制通信工程图纸的速度和效率，本部分提供了大量的平面图形，供读者练习。

以下所练习的图形从基本的命令入手，采用由浅入深、循序渐进的方式供读者练习，部分图形可参考表格后面的绘图步骤或方法提示绘制。绘图要求主要包括：

(1) 新建图层，并设置合适的线型、线宽和颜色。

(2) 设置合适的标注样式和文字样式。

(3) 连接、布局、尺寸和填充准确，图形整洁清晰。

(4) 添加尺寸标注和文字等。

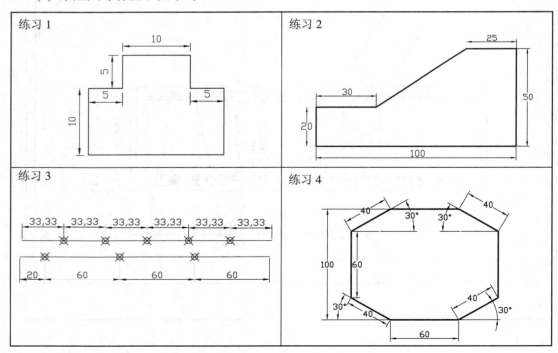

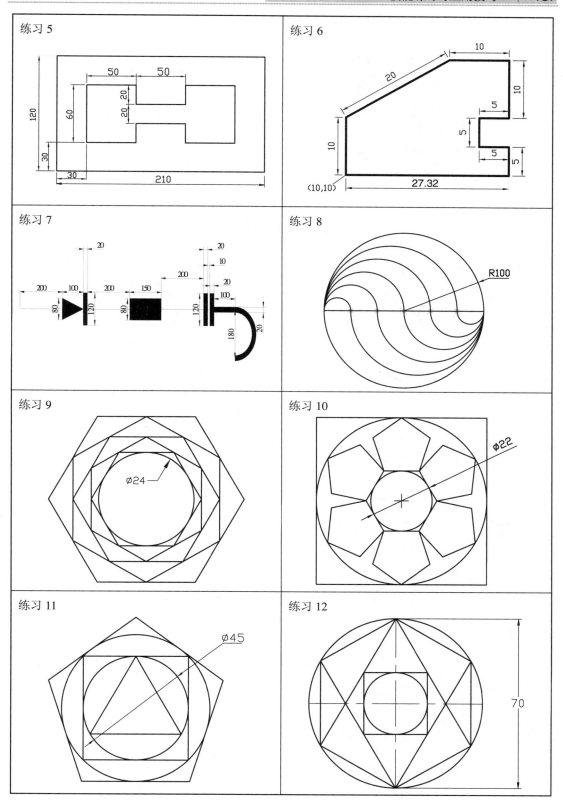

练习 5

练习 6

练习 7

练习 8

练习 9

练习 10

练习 11

练习 12

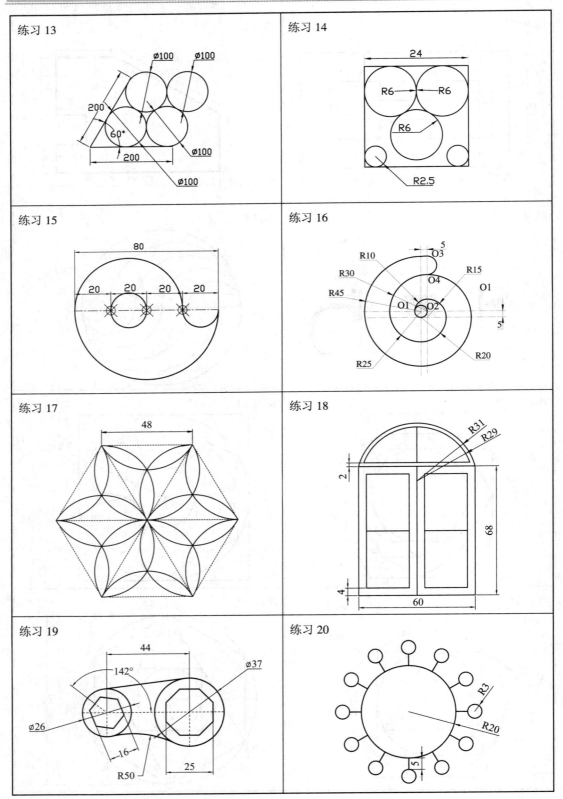

练习 13

练习 14

练习 15

练习 16

练习 17

练习 18

练习 19

练习 20

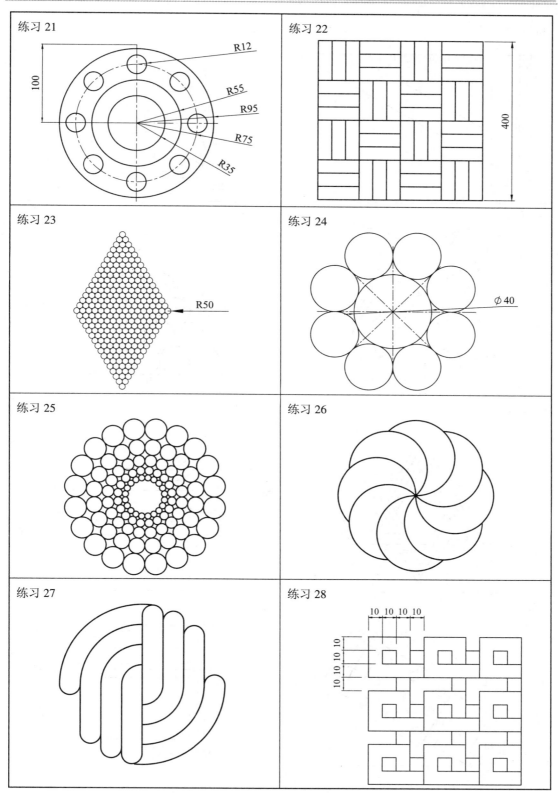

练习 21

练习 22

练习 23

练习 24

练习 25

练习 26

练习 27

练习 28

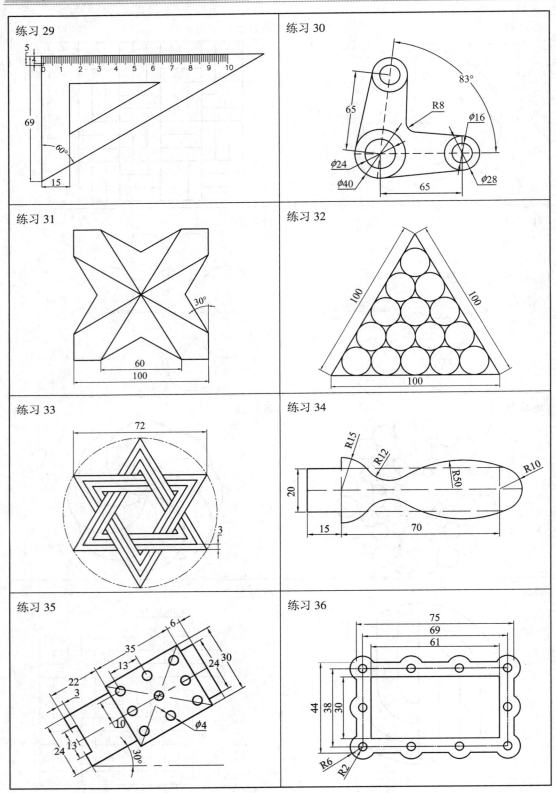

练习 29

练习 30

练习 31

练习 32

练习 33

练习 34

练习 35

练习 36

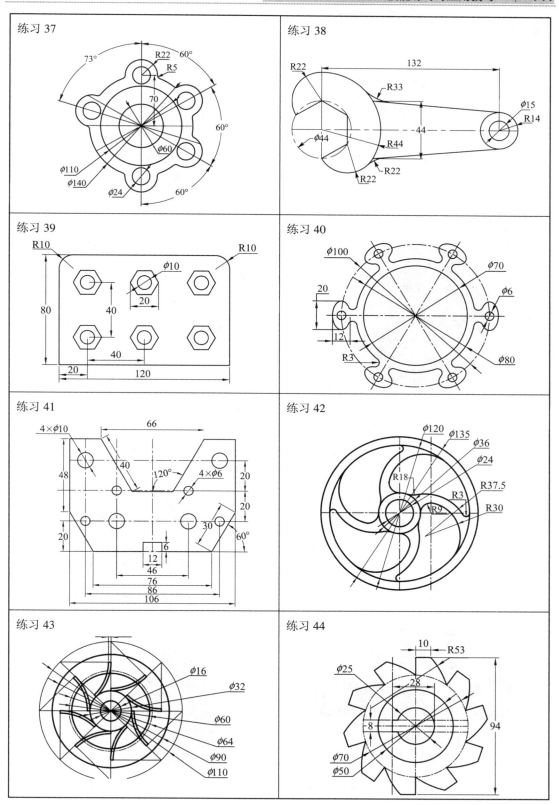

练习 37

练习 38

练习 39

练习 40

练习 41

练习 42

练习 43

练习 44

练习 45

练习 46

练习 47

练习 48

练习 49

练习 50

练习 51

练习 52

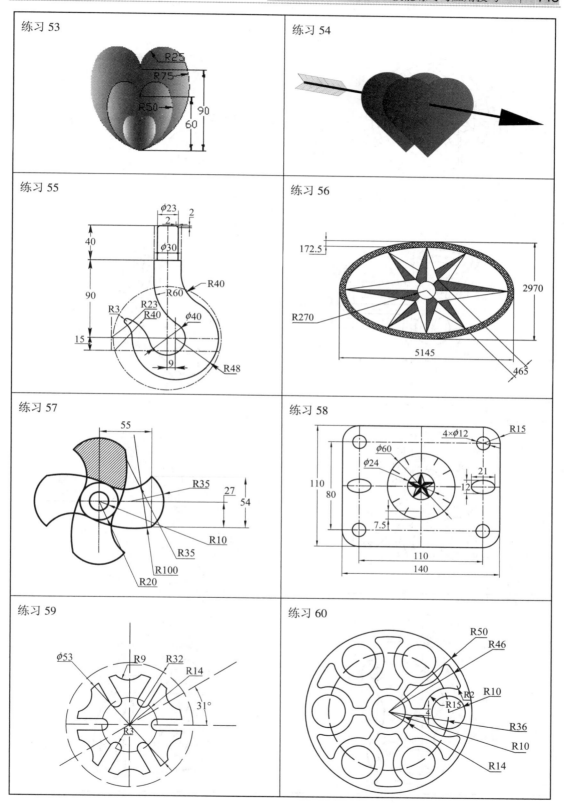

练习 53

练习 54

练习 55

练习 56

练习 57

练习 58

练习 59

练习 60

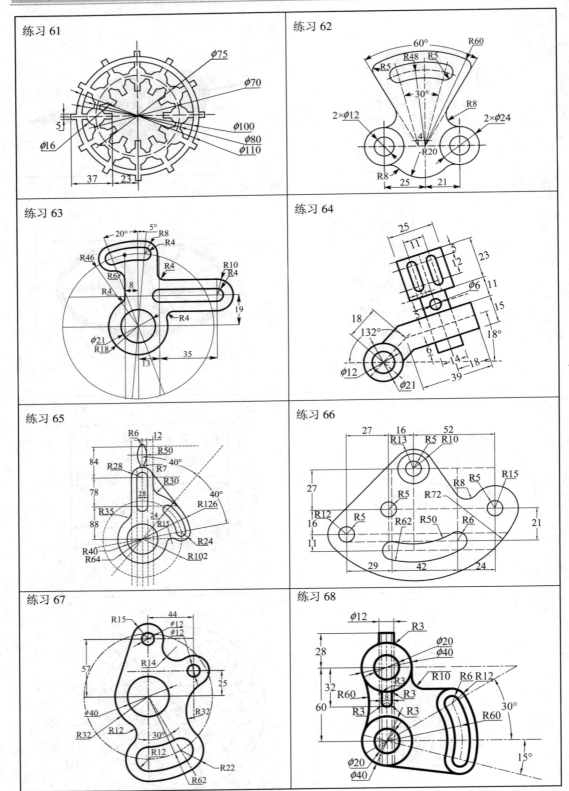

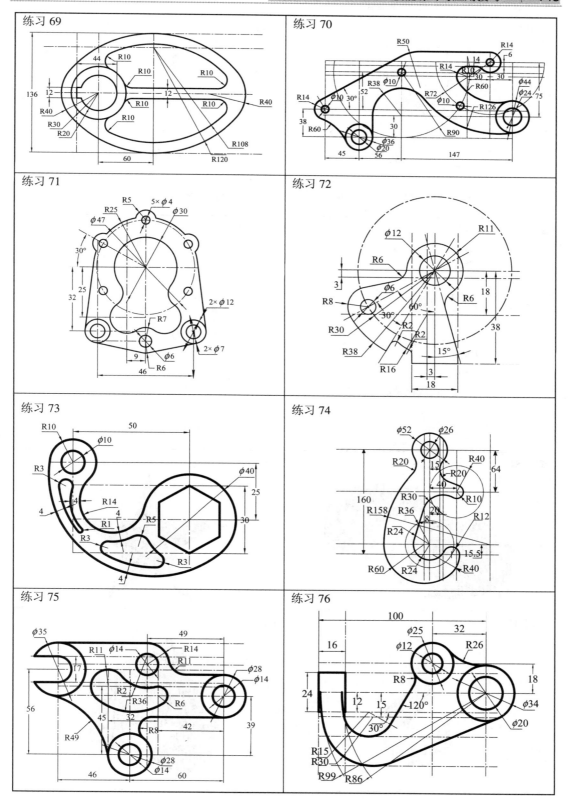

练习 69

练习 70

练习 71

练习 72

练习 73

练习 74

练习 75

练习 76

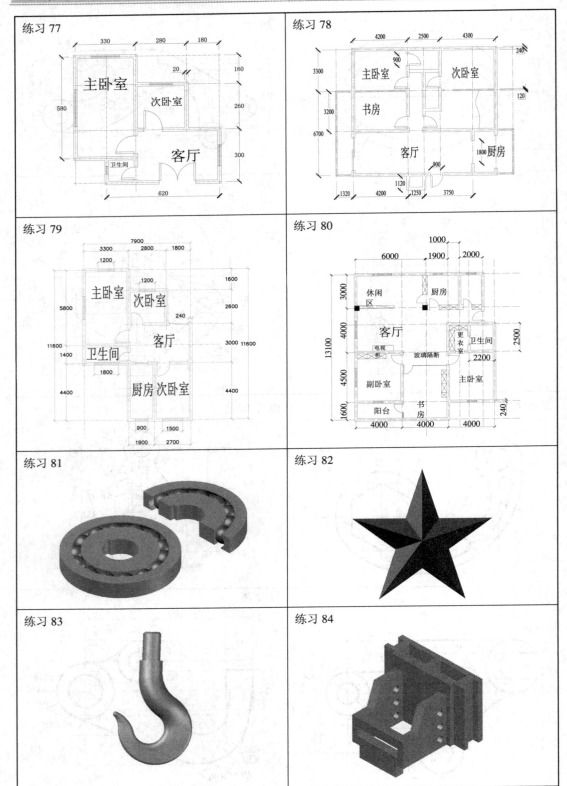

表中图形绘制提示如下：

**【练习1】**

打开正交模式，然后执行直线命令，使用鼠标指定起点，接着移动到下一步的方向上，通过键盘输入线段的长度，按空格键或回车键确认，依次类推完成绘图。

**【练习2】**

可使用相对坐标方法或绝对坐标方法。在图 2.1-1 中使用绝对坐标，首先使用直线命令，指定起点时输入绝对坐标原点，找到当前绘图文件的绝对原点，然后按照顺时针或逆时针方向顺序输入相应的绝对坐标值(格式为：横坐标，纵坐标)。在图 2.1-2 中使用相对坐标，首先使用直线命令，提示指定起点时，使用鼠标在绘图区域内左键单击指定起点，然后按照顺时针方向输入相对坐标值(格式为：(@横坐标，纵坐标))。图 2.1-3 的绘图方法可参考图 2.1-2，其中按照逆时针方向绘制。有关命令操作的详细执行过程，可参考教材第一部分项目一的任务二中的拓展提高部分。

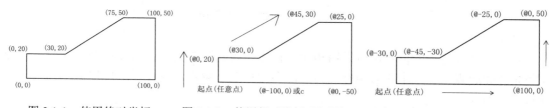

图 2.1-1　使用绝对坐标　　图 2.1-2　使用相对坐标(顺时针)　　图 2.1-3　使用相对坐标(逆时针)

**【练习3】**

首先需要设置点样式，具体步骤为：菜单栏→格式→点样式，打开对话框，选择图 2.1-4 中的点样式，并设置点大小。然后绘制两条长度为 200 的线段，分别使用点的定数等分和定距等分命令，根据命令提示选择等分对象，并分别输入等分数目和等分距离，完成绘图。

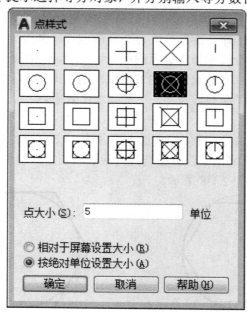

图 2.1-4　"点样式"对话框

【练习 4】

使用相对极坐标完成绘制。如图 2.1-5 所示，首先执行直线命令，指定起点，然后按照逆时针方向输入相对极坐标(格式为：@长度<角度)，按空格键或回车键确认，逐步完成图形的绘制。

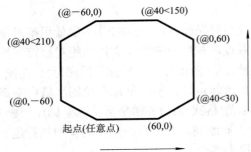

图 2.1-5　使用相对极坐标绘制图形

【练习 5】

对于内部多边形的位置，可采用相对坐标方法找到。首先使用直线命令，外部多边形左下角作为起点，下一个相对坐标点为内部多边形左下角点，参照图形可知横坐标和纵坐标长度均为 30。

【练习 6】

略。

【练习 7】

该图使用多段线命令绘制完成，绘制过程中需要反复设置线段的宽度(包括起点宽度和端点宽度)。其命令执行过程可参考教材第一部分项目二中任务二的相关知识。

【练习 8】

首先使用直线和点两个命令绘制长度为 200 的线段，并等分为六段。然后使用多段线命令绘制各段圆弧。在命令提示指定圆弧的起点切向时，可在竖直向上的方向上左键单击指定，即为上半圆；反之，在竖直向下的方向上左键单击指定，即为下半圆。另外，在绘图过程中可连续绘制圆弧，掌握该技巧，可提高绘图效率。

【练习 9】

该图使用圆和多边形命令绘制。首先绘制直径为 24 的圆，然后使用多边形命令绘制外围的图形。在绘制多边形过程中，注意是选择内接于圆还是外切于圆，如图 2.1-6 和图 2.1-7 所示。该图的绘制过程如图 2.1-8 所示。

图 2.1-6　内接于圆

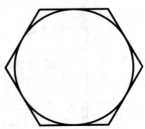

图 2.1-7　外切于圆

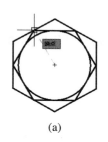 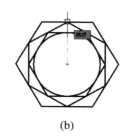 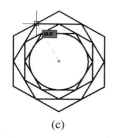 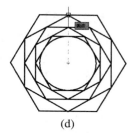

(a)          (b)          (c)          (d)

图 2.1-8  绘制过程

【练习 10】

绘制内部正五边形时，由于无法确定中心位置，需要选用正多边形的另一个命令选项"边(e)"，然后使用鼠标指定边的两个端点，即正六边形一条边的两个端点，并按顺时针选取，如图 2.1-9 所示。

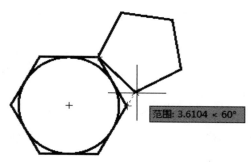

图 2.1-9  绘制正五边形

【练习 11】

略。

【练习 12】

绘制内部正方形的难点在于指定正方形顶点的位置。可首先以圆心为起点，绘制一条角度为 45°的辅助线，与内部线段的交点即为正方形顶点所在的位置，如图 2.1-10 所示。其中，绘制 45°辅助线的方法是先执行直线命令，指定圆心为起点，然后输入"<45"，按回车键后，即可将 45 替换为角度，最后鼠标向右上方移动至合适位置确定之。

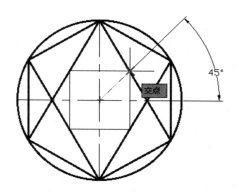

图 2.1-10  内部正方形顶点位置的确定

【练习13】

首先,使用直线命令绘制两条夹角为60°、长度为200的线段。然后,使用圆的命令中"相切、相切、半径"选项,绘制四个直径为100的圆。

【练习14】、【练习15】

略。

【练习16】

该图主要使用圆弧中"圆心、起点、角度"命令绘制,绘制过程如图2.1-11所示。首先,绘制中间的正方形以及小圆;然后,使用"圆心、起点、角度"命令,分别以正方形的四个顶点为圆心,以正方形边长为半径绘制圆弧,绘制包含角为−90°;最后,使用圆弧中"起点、端点、角度"命令绘制封闭圆弧。

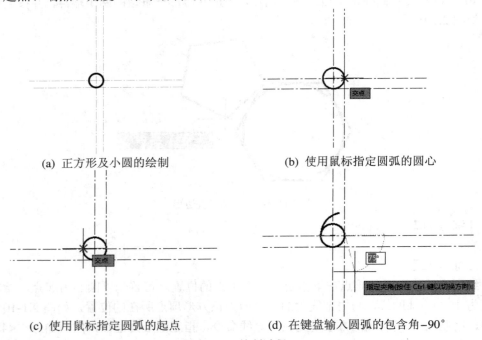

(a) 正方形及小圆的绘制　　　　(b) 使用鼠标指定圆弧的圆心

(c) 使用鼠标指定圆弧的起点　　　(d) 在键盘输入圆弧的包含角−90°

图2.1-11　绘制过程

【练习17】

首先将线型设为虚线,并绘制边长为48的正六边形,然后连接各对角顶点,确定正六边形的中心点。使用圆弧中"三点"命令,绘制各圆弧,也可以使用"阵列"命令中的"环形阵列"复制各圆弧,有关阵列命令的使用方法参考后面内容。

【练习18】

该图主要使用直线、偏移、修剪、圆等命令完成绘制。其中,修剪命令的使用方法如下:首先在命令窗口输入"TR",然后连续按两次空格键或回车键,此时可将对象不需要的部分剪去(注意与删除的区别)。

【练习19】

该图主要使用正多边形、圆、偏移、旋转、修剪等命令完成绘制。其中,绘制两个圆的切线时,若有其他对象捕捉干扰,可通过设置"对象捕捉",取消暂时不用的捕捉对象,如图 2.1-12 所示，以便于捕捉圆上的切点。

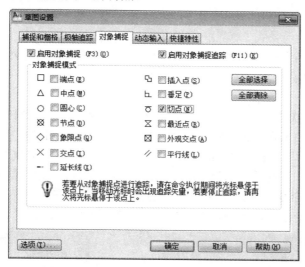

图 2.1-12　草图设置

【练习 20】

该图主要使用圆、直线、阵列等命令完成绘制。首先使用圆及直线的命令绘制如图 2.1-13 所示的图形。然后执行阵列命令，打开阵列对话框，并选择"环形阵列"，如图 2.1-14 所示，其主要设置如下：

(1) 用鼠标单击"选择对象"按钮，并拾取图 2.1-13 中的线段及小圆，按回车键，返回对话框。

(2) 用鼠标单击"中心点"右侧的按钮，并拾取大圆的圆心，按回车键，返回对话框。

(3) 设置项目总数为 12，填充角度为 360，并同时选中"复制时旋转项目"(默认)，按回车键即可得到最终图形，完成绘制。注意：设置项目总数和填充角度时，可随时观察右侧的预览图形，防止出错。

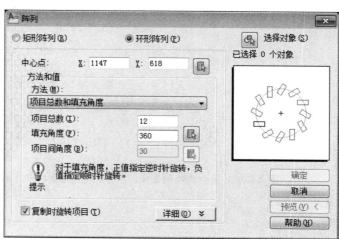

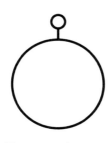

图 2.1-13　大圆及小圆　　　　　　　　　　　　图 2.1-14　阵列对话框

【练习 21】

略。

【练习 22】

首先绘制其中一个边长为 100 的正方形图案，然后两次使用阵列中的"环形阵列"命令复制图形完成绘制。

【练习 23】

该图主要通过两次使用阵列中的"矩形阵列"完成绘制。首先绘制一个半径为 50 的圆，然后执行阵列命令，打开阵列对话框，如图 2.1-15 所示。在该对话框中，选择"矩形阵列"，单击"选择对象"，拾取半径为 50 的圆，列数为 16，列偏移为 100(两圆相切)，阵列角度为 60，其他为默认值，并查看右侧预览图形，单击"确定"按钮，第一次阵列结果如图 2.1-16 所示。再次执行阵列命令，对话框中单击"选择对象"，选择图 2.1-16 中所有的圆，阵列角度改为-60，其他不变，单击"确定"按钮，完成图形的绘制，如图 2.1-17 所示。

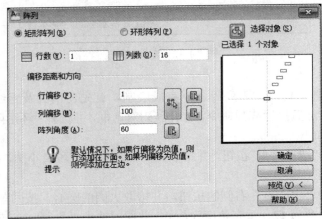

图 2.1-15　阵列对话框：矩形阵列

图 2.1-16　第一次阵列结果

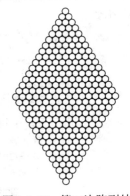

图 2.1-17　第二次阵列结果

【练习 24】

略。

【练习 25】

该图主要使用阵列命令完成绘制。通过观察图形，首先绘制一个夹角为 18° 的角，然后使用圆命令中的"相切、相切、半径"命令，输入合适的半径，绘制第一个圆，然后从第二个圆开始使用"相切、相切、相切"命令绘制四个圆即可，如图 2.1-18 所示。最后，使用阵列中的"环形阵列"命令复制五个圆，在阵列对话框中设置项目总数为 20，填充角度为 360，单击"确定"按钮，完成绘制。

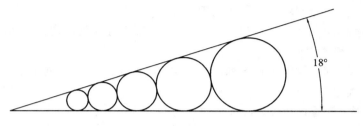

图 2.1-18　圆的绘制

【练习 26】

略。

【练习 27】

该图主要使用圆、偏移、圆弧、修剪、镜像等命令完成绘制。图形的大小及内部距离自定，要求图形过渡、连接准确。

【练习 28】

该图主要使用正多边形、修剪、阵列等命令完成绘制。通过观察，首先绘制共同部分，其他部分可通过阵列命令完成。

【练习 29】

该图主要使用直线、偏移、阵列等命令完成绘制。其中，刻度线通过阵列中的"矩形阵列"完成绘制。

【练习 30】

该图主要使用旋转、修剪等命令完成绘制，主要绘图步骤如下：

(1) 按照原图中的尺寸标注，绘制图 2.1-19(a)所示图形。

(2) 使用旋转命令，选择已绘制的对象，在提示输入旋转角度时，执行一次"复制"选项，然后输入角度 83，得到图 2.1-19(b)所示图形。

(3) 使用圆的"相切、相切、半径"命令绘制圆，得到图 2.1-19(c)所示图形，然后执行修剪命令，完成图形的绘制。

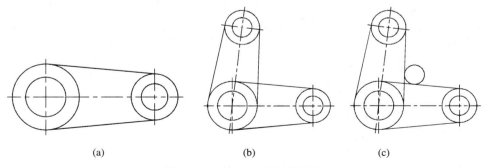

(a)　　　　　　　　　(b)　　　　　　　　　(c)

图 2.1-19　练习 30 的绘制过程

【练习 31】

略。

【练习 32】

该图主要使用圆、多段线、阵列、缩放等命令完成绘制,主要步骤如下:

(1) 绘制圆:圆命令 C↙,拾取一点指定为圆心,输入半径值 10↙(任选半径)。

(2) 阵列:阵列命令 AR↙,选择矩形阵列,设置 1 行 5 列,列偏移 20,阵列角度 60,选择对象为圆↙,单击"确定"。

(3) 重复矩形阵列:设置 1 行 5 列,行偏移 0,列偏移 20,阵列角度 0,选择对象为 5 个圆↙,单击"确定"。

(4) 修改图形:删除命令 E↙,选择对象为右侧 10 个圆↙。

(5) 绘制三角形:多段线命令 Pl↙,捕捉三个顶圆的圆心,绘制三角形;或直线命令 L↙,捕捉三个顶圆切点,绘制三条边线;或延伸命令 EX↙,选择三条边为延伸对象↙,连续拾取各边端点的最近点。

(6) 编辑三角形:缩放命令 SC↙,选择对象为全选,指定基点为点选顶角点,指定比例因子或[参照(R)]为 R↙,指定参照长度<1>为拾取顶角点,指定第二点为拾取底角点,指定新长度为 100↙,完成图形绘制。

【练习 33】

略。

【练习 34】

由于该图是对称图形,可只画一半,然后用镜像的方法完成整个图形的绘制。参考步骤如下:

(1) 用直线和偏移命令绘制基本框架,然后绘制已知圆心位置,半径为 R15、R10 的圆,如图 2.1-20(a)所示。

(2) 用画圆命令中的"相切、相切、半径"选项画圆 R50,即与 R15 圆和 R10 圆相切。修剪后,用画圆命令中的"相切、相切、半径"选项画圆 R12,即与 R15 圆和 R50 圆相切,如图 2.1-20(b)所示。

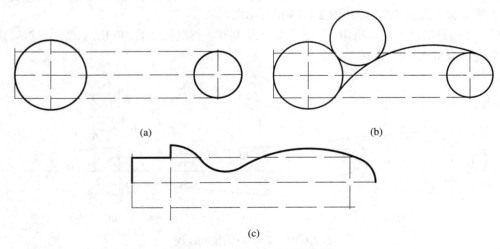

(a)　　　　　　　　　　　　　　　　　(b)

(c)

图 2.1-20　练习 34 的绘制过程

(3) 补充缺少的线段，并使用修剪命令对已画的图形进行编辑修改，将多余的线段剪掉，如图 2.1-20(c)所示；

(4) 使用镜像命令，对完成的一半图形进行镜像。

【练习 35】

首先使用直线、修剪、阵列等命令绘制水平角度的图形，如图 2.1-21 所示。然后利用旋转命令完成图形的绘制。

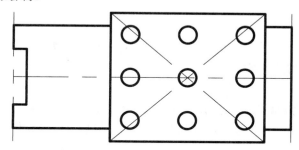

图 2.1-21　绘制水平角度的图形

【练习 36】

该图主要使用矩形、阵列、修剪等命令完成绘制。参考步骤如下：

(1) 使用矩形命令绘制一个矩形，长和宽分别为 61 和 30。

(2) 使用偏移命令，向外偏移两个矩形，距离分别为 4 和 7。

(3) 使用圆命令，以中间矩形的左下角为圆心，绘制半径分别为 2 和 6 的同心圆。

(4) 使用阵列命令，复制两个同心圆，具体设置如图 2.1-22 所示。

(5) 使用修剪命令，剪去多余的线段和圆弧，完成图形的绘制。

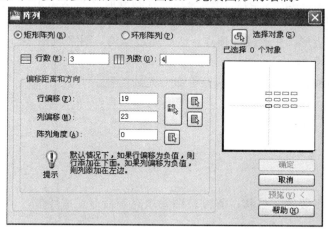

图 2.1-22　阵列对话框

【练习 37】

该图主要使用圆、阵列、旋转、修剪等命令完成绘制。参考步骤如下：

(1) 在绘图区域中分别绘制直径为 60、110、140 的同心圆，并以直径为 140 的圆与向下竖线的交点为圆心分别绘制直径为 24、44 的同心圆。

(2) 使用阵列命令，选择"环形阵列"，对象选择直径为 24 和 44 的同心圆，项目数目为 4，填充角度为 180，单击"确定"按钮。

(3) 使用旋转命令，复制顶端的两个同心圆，然后修剪，完成图形的绘制。

【练习 38】

首先，使用直线和偏移命令绘制图形的基本框架。然后，在左侧绘制正六边形，接着根据圆心位置和半径标注绘制圆。最后，修剪图形，完成图形的绘制。

【练习 39】

略。

【练习 40】

最外侧使用椭圆命令绘制，从图中标注可以看出长半径为 10，短半径为 6。其他部分使用圆、阵列、修剪等命令完成。

【练习 41】

首先，使用直线和偏移命令绘制该图的基本框架，由于该图左右对称，因此只绘制一侧即可。其次，参考图中尺寸绘制各个圆以及线段。最后，通过镜像命令完成图形的绘制。

【练习 42】

图中半径为 3 的圆弧可以通过圆角命令绘制。

【练习 43】

观察图的规律，对于内部的图形，首先绘制其中一部分，然后使用阵列命令，复制其他对象，再经过修剪，即可完成图形的绘制。

【练习 44】

略。

【练习 45】

该图主要使用正多边形、圆、图案填充、阵列等命令完成绘制。

【练习 46】

首先绘制正五边形，并连接各顶点；然后通过修剪、图案填充等命令完成图形的绘制。

【练习 47】

该图主要使用圆、圆弧、图案填充等命令完成绘制。

【练习 48】

略。

【练习 49】

略。

【练习 50】

该图主要使用多段线、偏移、复制、图案填充等命令完成绘制。

【练习 51】

该图主要使用圆、阵列、修剪、旋转等命令完成绘制。具体绘制步骤如下：

(1) 绘制两个同心圆，并使用阵列命令，复制 4 行 4 列，并使大圆和相邻的小圆相切，如图 2.1-23(a)所示。

(2) 经过删除对象，得到如图 2.1-23(b)所示的图形。

(3) 使用直线命令绘制切线，如图 2.1-23(c)所示。

(4) 使用修剪和旋转命令得到 2.1-23(d)，再使用图案填充命令完成图形的绘制。

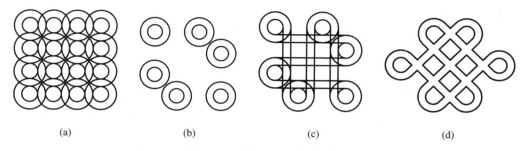

(a)        (b)        (c)        (d)

图 2.1-23 练习 51 的绘制过程

【练习 52】

    该图形主要使用圆、偏移、修剪等命令完成绘制。绘制方法主要从已知圆心位置和大小的圆出发。绘制过程中使用圆或圆弧的相关命令绘制圆弧，主要绘制过程如图 2.1-24 所示。

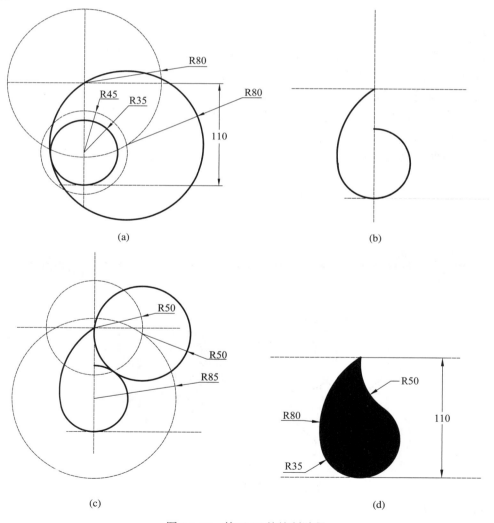

(a)                          (b)

(c)                          (d)

图 2.1-24 练习 52 的绘制过程

【练习 53】

该图的绘制方法同上，其主要绘制过程如图 2.1-25 所示。

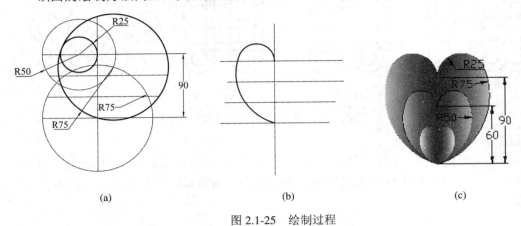

图 2.1-25  绘制过程

【练习 54】

该图主要使用直线、多段线、图案填充、旋转、修剪等命令完成绘制。其主要步骤如下：

(1) 使用直线命令绘制平行四边形，并填充斜线图案；使用镜像命令，复制该对象作为箭尾；使用多段线绘制箭身，如图 2.1-26(a)所示。

(2) 使用正多边形绘制正方形，并以相邻两条边为直径绘制两个圆，然后修剪并填充，如图 2.1-26(b)所示。

(3) 最后使用旋转、移动、打断等命令调整并完成图形的绘制。

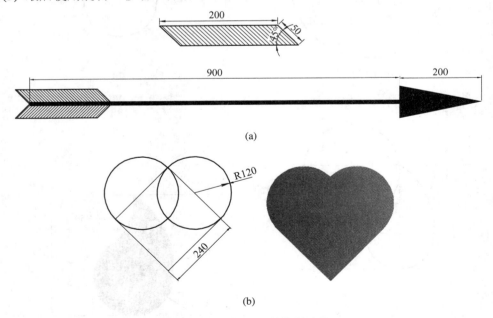

图 2.1-26  练习 54 的绘制过程

【练习 55】

该图主要使用直线、偏移、修剪、圆角等命令完成绘制。其主要绘制过程如下：

(1) 使用直线命令绘制中心线。

(2) 使用直线、偏移、倒角、修剪命令绘制出图形的圆柱部分。

(3) 执行圆命令，将鼠标移到两中心线交点处，出现捕捉光标时单击画圆，在命令行中直径(D)后面输入 40，并回车。之后，再用圆命令的"相切、相切、半径"方法分别画出 R60、R40 的圆，如图 2.1-27(a)所示。

(4) 再用修剪 TR 命令去掉不要的线，如图 2.1-27(b)所示。

(5) 在 R48 的圆左侧 71 mm 处，画圆 R23。其中 R40 的圆通过"相切、相切、半径"的方法得到，并进行修剪，如图 2.1-27(c)所示。

(6) 用圆角命令得到圆 R3 并修剪，如图 2.1-27(d)所示，完成图形的绘制。

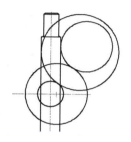  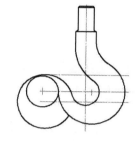 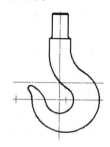

(a) 绘制中心线、圆柱、圆　　(b) 修剪轮廓线　　(c) 绘制圆并修剪轮廓线　　(d) 圆角命令绘制 R3 并修剪

图 2.1-27　练习 55 的绘制过程

【练习 56】

该图主要使用椭圆、阵列、偏移、修剪等命令完成绘制，其主要绘制过程如图 2.1-28 所示。

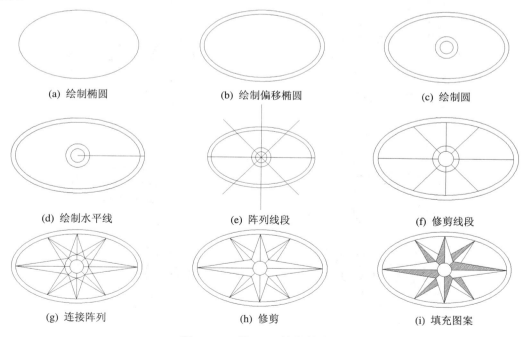

图 2.1-28　练习 56 的绘制过程

【练习 57】

略。

【练习 58】

略。

【练习 59】

绘制该图用到的命令主要包括圆、偏移、修剪和阵列等。绘制方法：先绘制其中一个部分，再通过环形阵列复制外围对象，然后通过修剪或面域完成整个图的绘制。

【练习 60】

绘制方法同【练习 59】。

【练习 61】

略。

【练习 62】

该图的绘制首先通过直线和偏移命令绘制辅助线，然后绘制已知条件的圆或线段，最终通过修剪、旋转等命令完成其他部分。其主要绘制步骤如下：

(1) 绘制辅助线。

使用构造线绘制四条辅助线。先绘制两条通过(0，0)点的相互垂直的构造线。然后，使用偏移命令复制两条竖直的构造线，一条在右边且距中间 21，另一条在左边且距中间 25。

(2) 绘制系列圆，如图 2.1-29(a)所示。

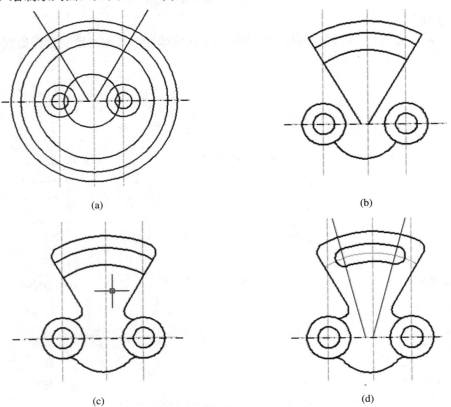

(a)

(b)

(c)

(d)

图 2.1-29  练习 62 的绘制过程

① 绘制两端的小圆。打开对象捕捉，先绘制右侧两个同心圆。

命令：CIRCLE↙

指定圆的圆心：(捕捉右边辅助线的交点)

指定圆的半径：6↙

② 用偏移命令复制大圆。

命令：OFFSET↙

指定偏移距离：6↙

选择要偏移的对象：(选择刚绘制的圆)↙

指定点，以确定偏移所在一侧：(在圆的外面单击鼠标)

选择要偏移的对象：(回车结束)

③ 绘制左侧两个同心圆，与右侧大小一样，可用复制命令(带基点)获得。

(3) 绘制系列圆弧。

对于图 2.1-29(b)中的一系列圆弧，如果直接用圆弧命令绘制，那么一些圆弧的相关坐标不好确定，所以可先绘圆，再通过修剪得到圆弧。

① 绘制 3 个圆心为(0, 0)，半径分别为 43、53 和 60 的圆。

② 绘制半径为 20，圆心为(−2，0)的圆形。

③ 绘制两条斜线以确定修剪的边界。

首先，打开极轴追踪，并设置追踪角度的增量为 30。

然后，绘制两条角度分别为 60°和 120°的射线，并把左边的射线向左移 4 个单位。

④ 使用修剪命令 TRIM 开始修剪：先修剪两条射线，然后修剪外围圆，最后修剪下部圆。

(4) 倒圆角，如图 2.1-29(c)所示。

① 对左边的斜线与大圆线进行圆角处理。

命令：FILLET↙

当前模式：模式＝修剪，半径＝10.0000↙

选择第一个对象或……：R(选择半径)↙

指定圆角半径：5↙

选择第一个对象或……：(选择左边的斜线)↙

选择第二个对象或……：(选择最上边的大圆弧)↙

② 同样的方法对右边的斜线与上弧线进行圆角处理。

③ 对斜线与下圆进行圆角处理，对下圆与下弧线进行圆角处理。

(5) 绘制内部弧线，如图 2.1-29(d)所示。

① 打开极轴追踪，并设置追踪角度的增量为 15。

② 设置细点画线图层为当前图层。

③ 绘制两条射线，角度分别为 75°和 105°，并将左边的射线左移 4 个单位。

④ 通过偏移来绘制辅助圆弧线：将未进行圆角处理的两条圆弧中的上边一条向下偏移 5 个单位，并改线型为细点画线。

⑤ 然后绘制半径为 5 的两个圆，并修剪为长孔两端的圆弧。

(6) 修剪中心线。

在前面的绘图过程中,辅助线不是射线就是构造线,而最后只需要保留其中的一部分作为中心线,所以要把多余的部分修剪掉。

可使用打断点的命令(下面以水平中心线的修剪为例,其他线方法相同)完成修剪。

命令:BREAK↙

选择对象:(选择水平中心线)↙

指定第二个打断点或……:(在其右边半径为 12 的圆的外边适当处单击)

即将水平辅助线分为两部分,然后将右边的部分删除,完成图形的绘制。

【练习 63】

首先绘制已知圆心位置和大小的圆及辅助线,然后通过旋转绘制基本框架,最后通过偏移、修剪、圆角等命令绘制过渡圆弧,如图 2.1-33 所示。

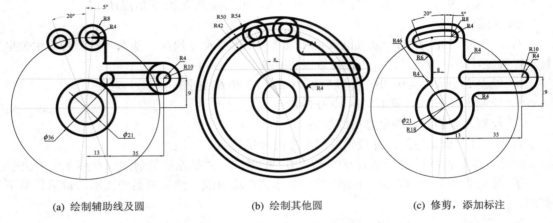

(a) 绘制辅助线及圆　　　　　(b) 绘制其他圆　　　　　(c) 修剪,添加标注

图 2.1-33　练习 63 的绘制过程

【练习 64】

可先绘制一水平图形,如图 2.1-34 所示。然后使用打断点命令在中间打断,最后使用旋转命令按照图中标注的角度分别将左右两部分旋转。

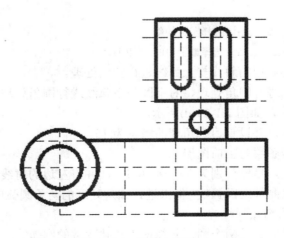

图 2.1-34　零件水平图

【练习 65】

略。

【练习 66】

略。

【练习 67】

首先绘制已知条件的圆以及辅助线，然后绘制过渡圆弧，最后通过修剪完成图形的绘制，其绘制过程如图 2.1-35 所示。

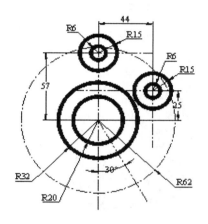

(a) 绘制辅助线及圆

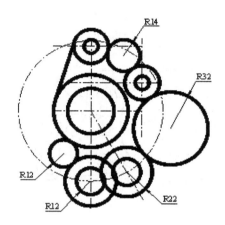

(b) 绘制其他对象

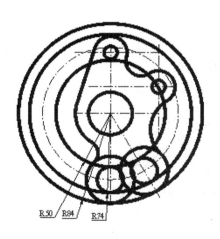

(c) 绘制其他圆

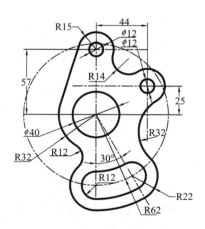

(d) 修剪，添加标注

图 2.1-35　练习 67 的绘制过程

【练习 68】

首先绘制已知条件的圆以及辅助线，然后绘制过渡圆弧，最后通过修剪完成图形的绘制，其绘制过程如图 2.1-36 所示。

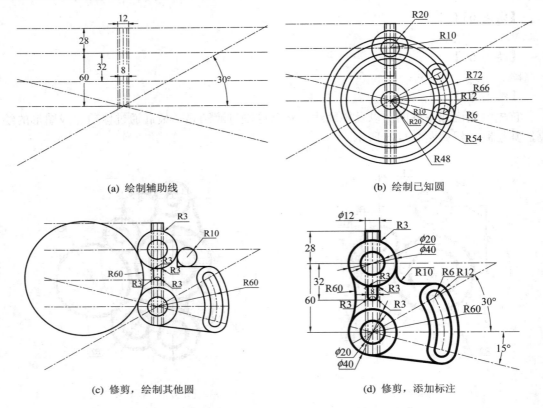

(a) 绘制辅助线  (b) 绘制已知圆

(c) 修剪，绘制其他圆  (d) 修剪，添加标注

图 2.1-36　练习 68 的绘制过程

【练习 69】

首先绘制外围的椭圆以及辅助线框架，然后通过偏移、修剪、圆角等命令绘制过渡圆弧。如图 2.1-37 所示，使用圆角、修剪等命令完成图形的绘制。

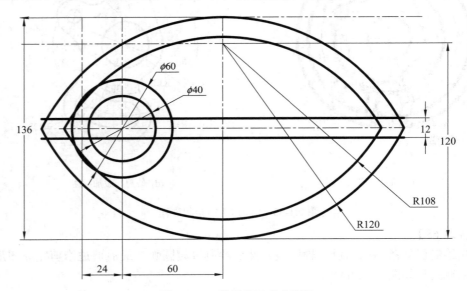

图 2.1-37　辅助线及基本框架

【练习70】

　　首先绘制已知条件的圆及辅助线，然后绘制过渡圆弧，最后通过修剪、圆角、调整等命令完成图形的绘制，绘制过程如图 2.1-38 所示。

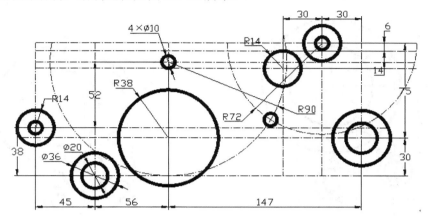

(a) 绘制已知条件的圆及辅助线

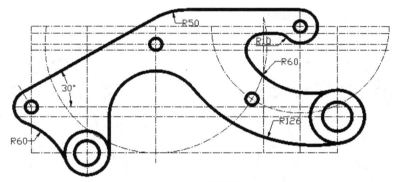

(b) 绘制过渡圆弧

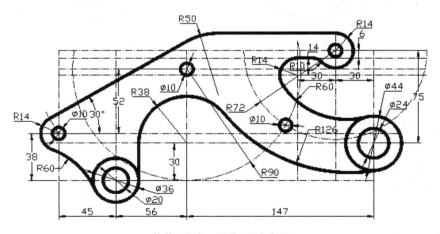

(c) 修剪、圆角、调整，添加标注

图 2.1-38　练习 70 的绘制过程

【练习 71】

首先绘制已知条件的圆以及辅助线，然后绘制过渡圆弧，最后通过修剪、圆角等命令完成图形的绘制，绘制过程如图 2.1-39 所示。

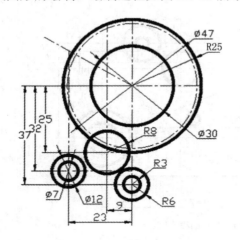

(a) 绘制已知条件的圆及辅助线

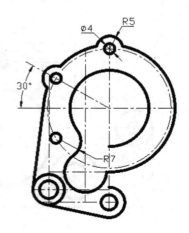

(b) 绘制过渡圆弧

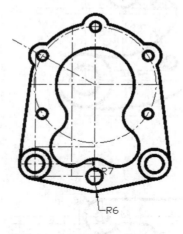

(c) 镜像、修剪

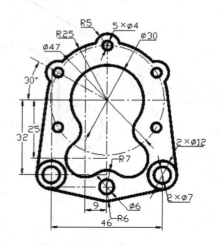

(d) 添加尺寸标注

图 2.1-39　练习 71 的绘制过程

【练习 72】

略。

【练习 73】

首先绘制已知对象及辅助线，然后修剪并偏移对象，而后绘制过渡圆弧，最后添加尺寸标注完成图形的绘制，如图 2.1-40 所示。

【练习 74】

首先绘制已知条件的圆及辅助线，然后绘制过渡圆弧，最后通过修剪等命令完成图形的绘制，如图 2.1-41 所示。

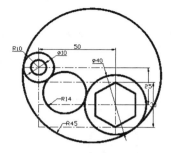

(a) 绘制已知对象及辅助线

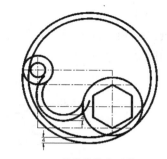

(b) 修剪并偏移对象

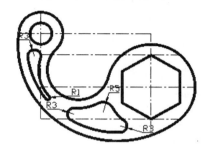

(c) 绘制过渡圆弧

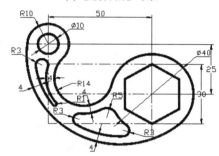

(d) 添加尺寸标注

图 2.1-40　练习 73 的绘制过程

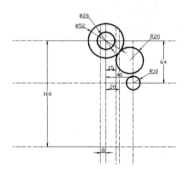

(a) 绘制已知条件的圆及辅助线

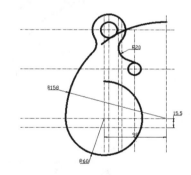

(b) 绘制过渡圆弧

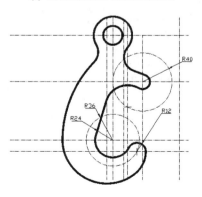

(c) 修剪调整

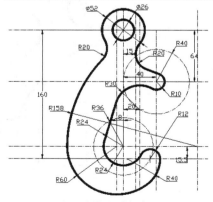

(d) 添加尺寸标注

图 2.1-41　练习 74 的绘制过程

【练习75】

首先绘制已知条件的圆以及辅助线，然后绘制过渡圆弧，最后添加尺寸标注完成图形的绘制，如图 2.1-42 所示。

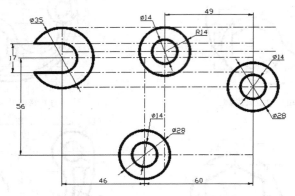

(a) 绘制已知条件的圆及辅助线

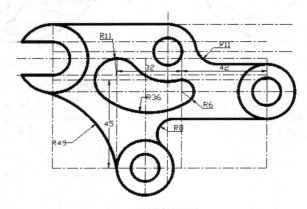

(b) 绘制过渡圆弧

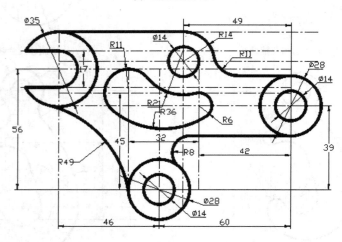

(c) 添加尺寸标注

图 2.1-42　练习 75 的绘制过程

【练习 76】

首先绘制已知条件的圆以及辅助线，然后绘制过渡圆，最后通过修剪等命令完成图形的绘制，如图 2.1-43 所示。

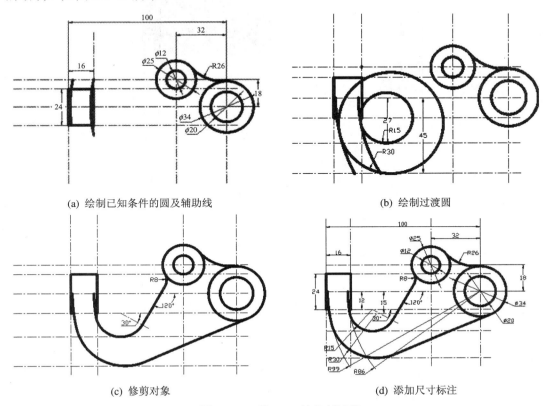

(a) 绘制已知条件的圆及辅助线　　　　　　(b) 绘制过渡圆

(c) 修剪对象　　　　　　(d) 添加尺寸标注

图 2.1-43　练习 76 的绘制过程

【练习 77】

绘制建筑平面图的一般步骤为：

(1) 新建图层。

(2) 设置标注样式。

(3) 绘制平面图基本框架。

(4) 绘制墙体和门窗。

(5) 添加文字和尺寸标注。

该图的绘制过程如图 2.1-44 所示。

| 状态 | 名称 | 开 | 冻结 | 锁定 | 颜色 | 线型 | 线宽 | 打印样式 | 打印 |
|---|---|---|---|---|---|---|---|---|---|
| ✔ | 0 | ☼ | ☀ | 🔓 | □白 | Continuous | —— 默认 | Color_7 | 🖨 |
| ⊘ | 尺寸 | ☼ | ☀ | 🔓 | □黄 | Continuous | —— 默认 | Color_2 | 🖨 |
| ⊘ | 门窗 | ☼ | ☀ | 🔓 | ■绿 | Continuous | —— 默认 | Color_3 | 🖨 |
| ⊘ | 墙体 | ☼ | ☀ | 🔓 | □白 | Continuous | —— 默认 | Color_7 | 🖨 |
| ⊘ | 文字 | ☀ | ☀ | 🔓 | □白 | Continuous | —— 默认 | Color_7 | 🖨 |
| ⊘ | 轴线 | ☼ | ☀ | 🔓 | ■蓝 | CENTER2 | —— 默认 | Color_5 | 🖨 |

(a) 设置绘图环境，新建图层

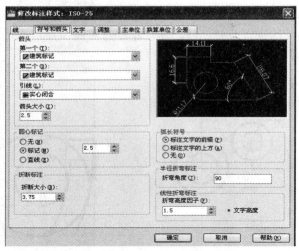

(b) 箭头设置为"建筑标记"

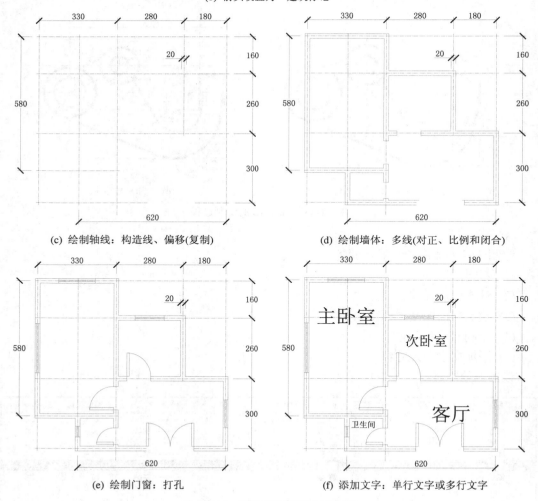

(c) 绘制轴线:构造线、偏移(复制)

(d) 绘制墙体:多线(对正、比例和闭合)

(e) 绘制门窗:打孔

(f) 添加文字:单行文字或多行文字

图 2.1-44  建筑平面图绘制的过程

【练习 78】、【练习 79】、【练习 80】

略。

【练习 81】

该图为三维实体，首先绘制平面图形，然后通过差集运算、拉伸、切割、阵列等操作完成绘制，主要步骤如下：

(1) 设置视图为"西南等轴测"，以(0，0，0)点为底面中心点，分别绘制半径为 30、65、80、100，高为 30 的圆柱体，绘制的轴承平面图如图 2.1-45 所示。

(2) 进行合理的差集运算。

(3) 以点(0，0，15)为中心绘制圆环，圆环半径为 72.5，圆管半径为 15。

(4) 绘制球体，球心坐标为(0，0，72.5)，球体半径为 15。

(5) 对第四步所得球体进行环形阵列。

(6) 调整图形，完成图形的绘制。

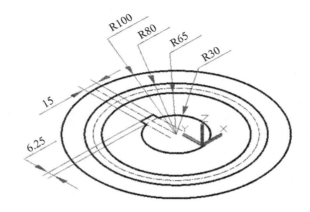

图 2.1-45　轴承平面图

【练习 82】、【练习 83】、【练习 84】

略。

# 二、AutoCAD 应用技巧集锦

### 1. 输入或编辑特殊符号

(1) 打开多行文字编辑器：在输入文字的矩形框里点右键→"选符号"→"其他打开字符映射表"→选择符号即可。

(2) CAD 中特殊符号的输入："%%d"是"°"、"%%c"是"Φ"。

(3) 打特殊符号方法：在中文输入状态下，点击软键盘，有很多特殊符号可供选择，找到合适的点击即可。

(4) 用多行文字，在文字格式对话框的下边一行有一个符号"@"，点击它会弹出一个下拉菜单，菜单中有各种选项，也可以打出一些特殊符号。

(5) 快速输入"下沉符号"：可以使用多行文本命令，先在多行文本编辑器中输入字母"x"并选中，然后将其字体改成"GDT"格式即可。

### 2. CAD 文字技巧

(1) 在标注文字时，标注上下标的方法：使用多行文字编辑命令，上标输入 2^，然后选中 2^，点 a/b 键即可；下标输入^2，然后选中^2，点 a/b 键即可；上下标：输入 2^2，然后选中 2^2，点 a/b 键即可。

(2) "镜像"命令中文字不翻转的方法：通过设置系统变量 MIRRTEXT 实现控制，若该值设为 1，则文字翻转；若该值设为 0，则文字不翻转。

(3) 使用"单行文字(dt)"时，不提示输入文字高度的方法：在文字样式中设置固定的文字高度以后，使用"单行文字"命令时将不再询问文字高度。

### 3. CAD 表格制作技巧

(1) 在实际工作中，往往需要在 AutoCAD 中制作各种表格，如工程数量表等。如何高效制作表格，是一个很实际的问题。通常，先在 Excel 中制完表格，再复制到剪贴板，然后在 AutoCAD 环境下选择 edit 菜单中的 Paste special 作为 AutoCAD Entities，确定以后，表格即转化成 AutoCAD 实体。使用 explode 打开，即可编辑其中的线条及文字，非常方便。

(2) 在 CAD 中手动绘制表格相当麻烦，可以先在 Excel 中制作好表格，再复制粘贴到相应位置即可。修改表格只需要双击表格，然后在 Excel 模式下修改，最后保存退出即可。

### 4. 其他使用技巧

(1) 可用 PU 命令清除图层垃圾，缩小图纸大小。

(2) 删除学习版本标记技巧：将原图复制转成"DXF"文件后，再将后缀名改为"DWG"即可。

(3) 将"十"字光标大小值设成 100，底色设为 147，视觉效果比较好。

(4) 选择项中设定：用【Shift】键添加到选择集。

(5) 一般来说，能用编辑命令完成绘制的就不要用绘图命令完成。

(6) 减小文件大小：在图形完稿后，执行清理(PURGE)命令，清理掉多余的数据，如无用的块、没有实体的图层，未用的线型、字体、尺寸样式等，这样可以有效减小文件大小。彻底清理一般需要执行 PURGE 命令两到三次。

(7) 在 CAD 中选择插入"块"，把图框变成"块"，则字体就不会因底图不同而改变。

(8) 后缀名为"SHX"的字库是 CAD 的专有字库，其最大的特点就在于占用系统资源少；后缀名为"TTF"的字库是 Windows 系统的通用字库，采用这种字库可以保证其他公司在打开你的文件时不会发生任何问题。

(9) 打开 CAD 文件时，如果遇到文字样式的名称相同但选取的字体名和字体样式不相同，以及字体出现变形或乱码等问题，则需要在文字样式里将字体名和字体样式改为你想要的字体。如果修改后显示没有变化，请采用 REGEN 重新生成命令。

(10) 线宽修改：AutoCAD R14 的附赠程序 Bonus 提供了 MPEDIT 命令用于成批修改多义线线宽，非常方便高效。在 AutoCAD 中，还可给实体指定线宽(LineWeight)属性修改线宽，只需选择要改变线宽的实体(实体集)，改变线宽属性即可，这使得线宽修改更加方便。需要注意的是，LineWeight 属性线宽在屏幕显示与否取决于系统变量 WDISPLAY，若该变量为 ON，则在屏幕上显示 LineWeight 属性线宽；若该变量为 OFF，则不显示。多义线线宽与 LineWeight 都可以控制实体线宽，两者之间的区别是，LineWeight 线宽是绝对线宽，而多义线线宽是相对线宽。也就是说，无论图形以多大尺寸打印，LineWeight 线宽都不变，而多义线线宽则随打印尺寸比例大小的变化而变化。命令 SCALE 对 LineWeight 线宽没什么影响，无论实体被缩放多少倍，LineWeight 线宽都不变，而多义线线宽则随缩放比例的改变而改变。

(11) 在 AutoCAD 中，命令别名的存储地址在 AutoCAD 安装目录的 support 目录下的 ACAD.PGP 文件中。

(12) 在进行夹点编辑时，当选中图形的基点后，系统默认为"拉伸"，按一下空格为"移动"，按两下空格为"旋转"，按三下空格为"缩放"，按四下空格为"镜像"。

(13) 巧用布局视口打印较长的路径图。当路径图较长而要用几张图打印时，可设置多个布局视口，每个布局一张图，打印各视口的图纸即可。具体步骤如下：打开路径图→布局 1→视口→多边形视口，根据图框选择视口→视口比例→模型→选择路径图区域→图形→页面设置→打印。再建布局 2、布局 3…直至把整个路径图设置完毕。

(14) 添加坐标标注小软件：① 将 108CJP_ZBBZ.VLX 拷贝到 AutoCAD 目录的 support 文件夹下；② 打开 CAD 图形→工具→加载应用程序→启动组→内容→添加(support/108CJP_ZBBZ.VLX)→关闭；③ 定义命令别名：工具→自定义→编辑自定义文件→程序参数(在程序中添加语句 ZB，*CJP_ZBBZ)→重新启动。之后，在标注坐标时，输入命令"ZB"即可。

(15) 在绘图工具栏或修改工具栏上单击鼠标右键，在弹出的快捷菜单中选择 UCS 命令，即可调出工具栏。

(16) 将某一条线段从某点断开的两个方法：

① 在 AutoCAD 2002 以后版本中的修改工具栏中使用"打断点"图标；② 在提示输入第二点时输入"@"符号，然后按回车键。

(17) 绘制同心圆的方法：绘制第一个圆以后，在系统提示指定圆心时输入"@"符号，然后按回车键，就可以绘制第二个同心圆。

(18) 将 AutoCAD 图插入到 Word 文档中的三种方法：① 首先在 CAD 中完成图形的绘制，然后打开 Word 单击"插入"中的"对象"，在弹出的对话框中选择"由文件创建"标签页，然后选择已有文件名就可以了；② 选择绘制完成的图形或部分图形，在 Word 中粘贴即可；③ 使用抓图软件(如 BetterWMF)，然后在 Word 中粘贴或插入即可。

# 第三部分
# 通信工程制图范例

　　本部分以若干例图为示范，让读者对通信工程施工图纸有一个较为全面的了解，进一步提高读者的绘图能力，使其能更好地掌握 AutoCAD 软件，从而快速地绘制较为规范的通信工程图纸。

## (一) XX 小区电缆接入路由及配线工程图

XX 小区电缆接入路由及配线工程图如图 3.1-1～3.1-5 所示。

## (二) 架空线路标准图

架空线路标准图如图 3.2-1～3.2-10 所示。

## (三) 通信管道工程图

通信管道工程图如图 3.3-1～3.3-8 所示。

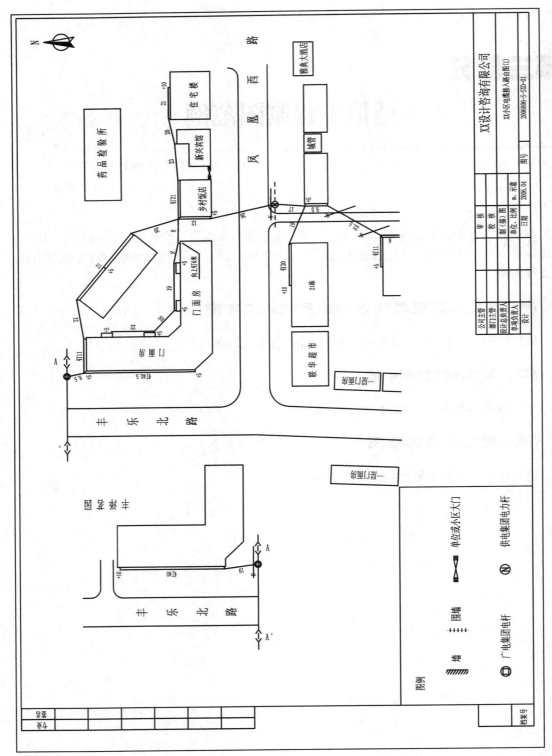

图 3.1-1　XX 小区电缆接入路由图(1)

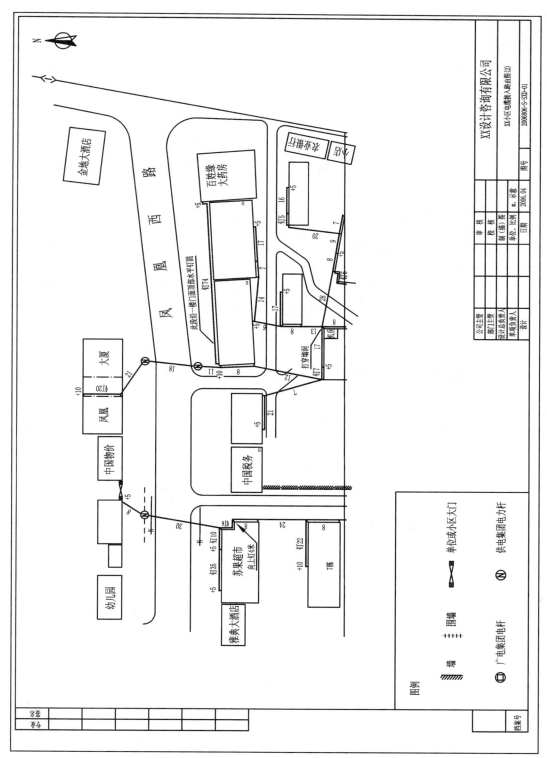

图 3.1-2 **XX 小区电缆接入路由图(2)**

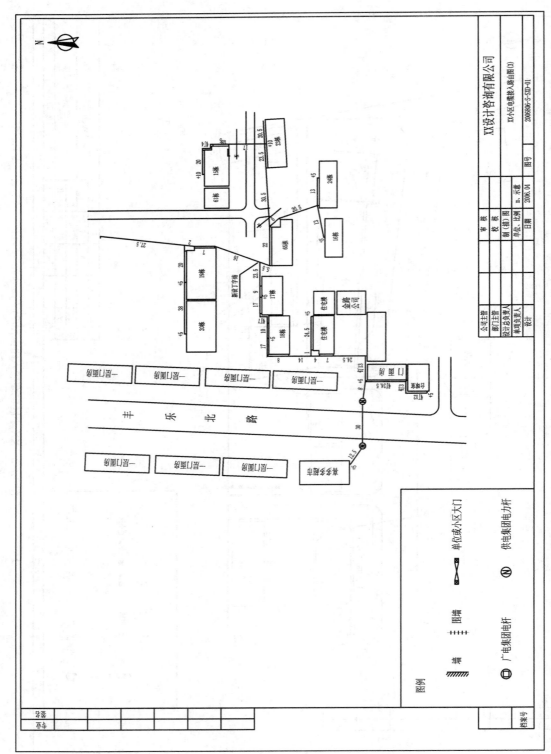

图 3.1-3　XX 小区电缆接入路由图(3)

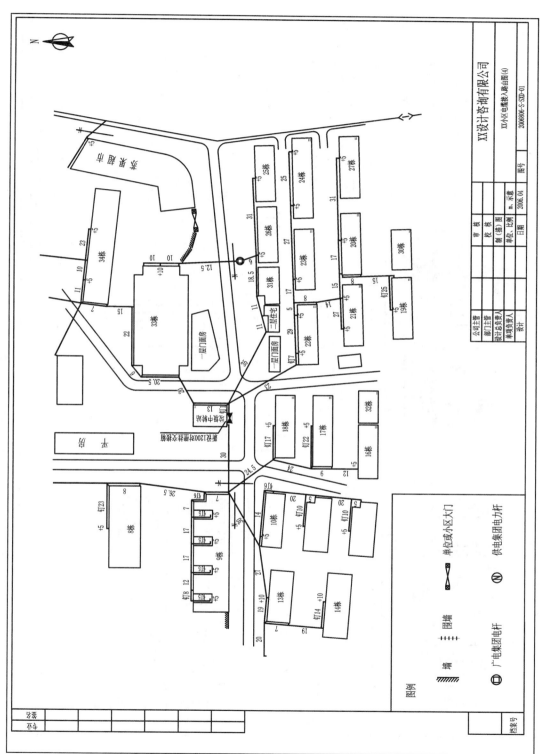

图 3.1-4 XX 小区电缆接入路由图(4)

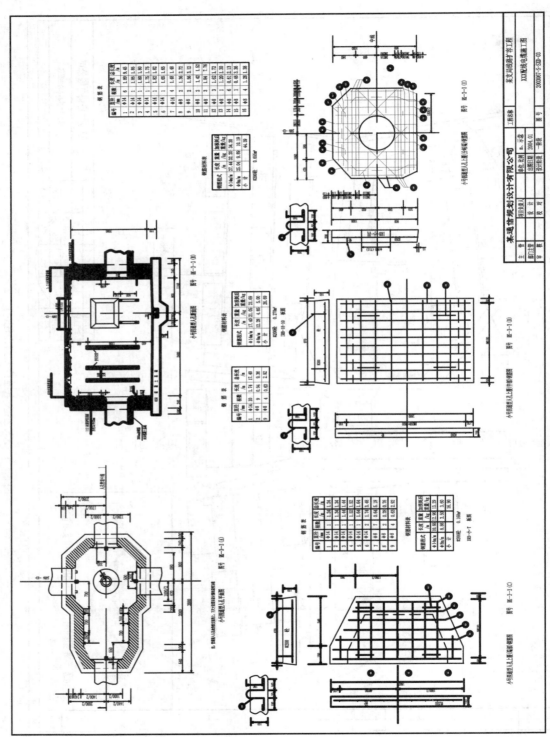

图 3.1-5 XXX 配线电缆施工图

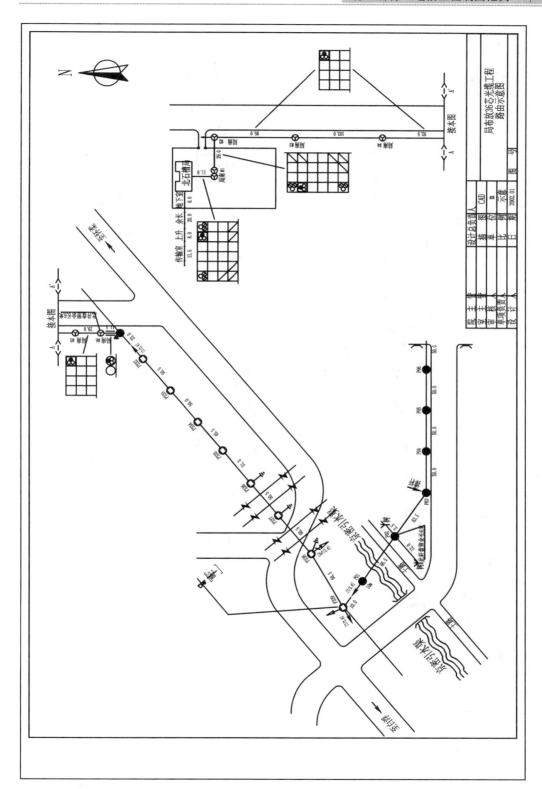

图 3.2-1　局布放 36 芯光缆工程路由示意图

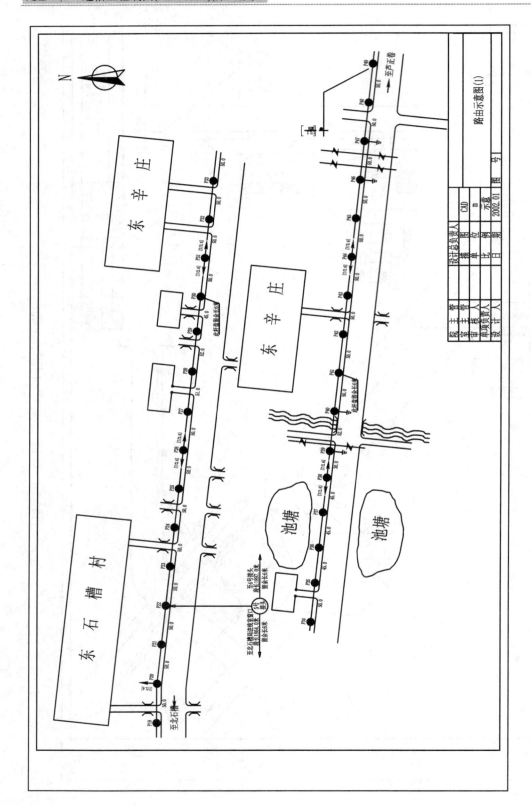

图 3.2-2 架空光缆工程路由示意图(1)

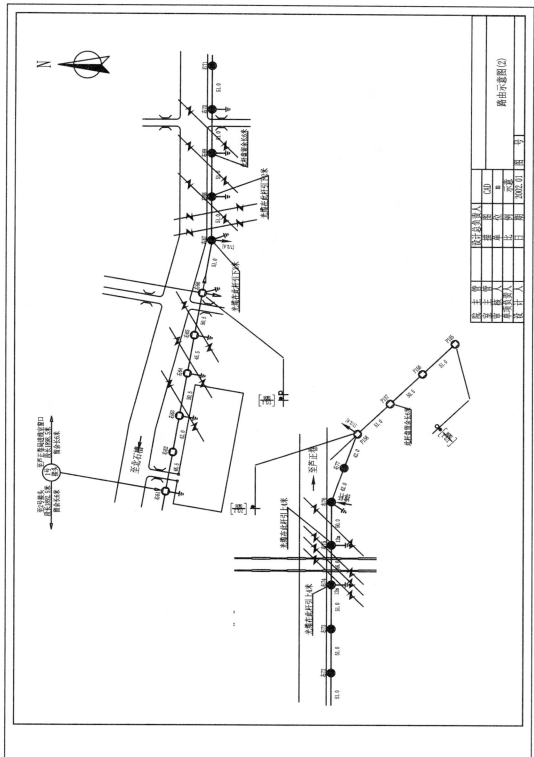

图 3.2-3 架空光缆工程路由示意图(2)

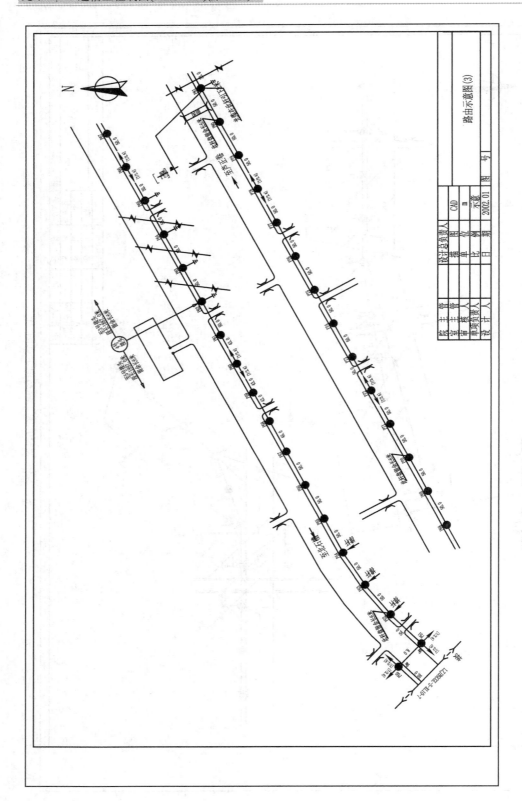

图 3.2-4　架空光缆工程路由示意图(3)

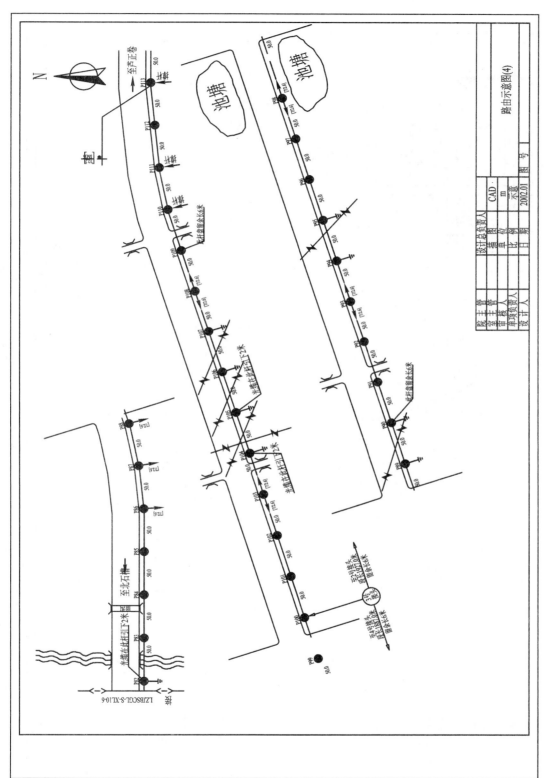

图 3.2-5　架空光缆工程路由示意图(4)

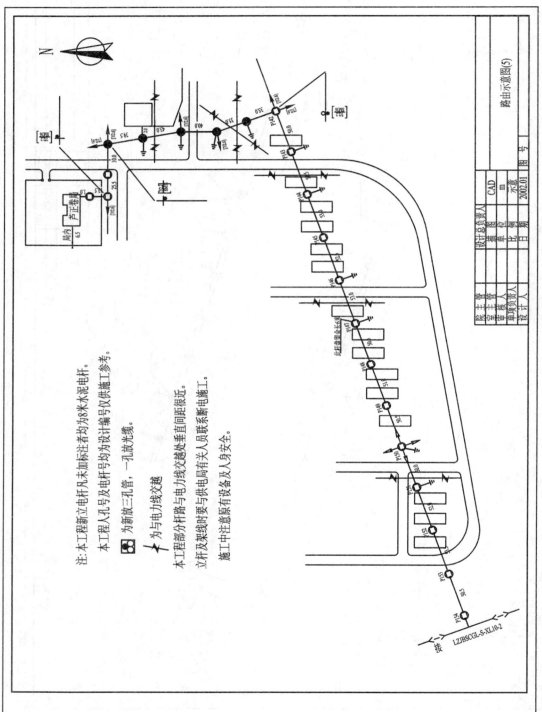

图 3.2-6 架空光缆工程路由示意图(5)

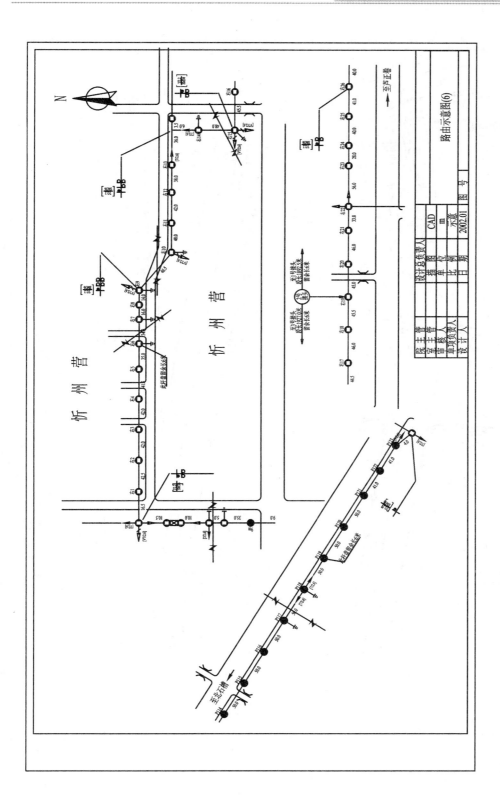

图 3.2-7 架空光缆工程路由示意图(6)

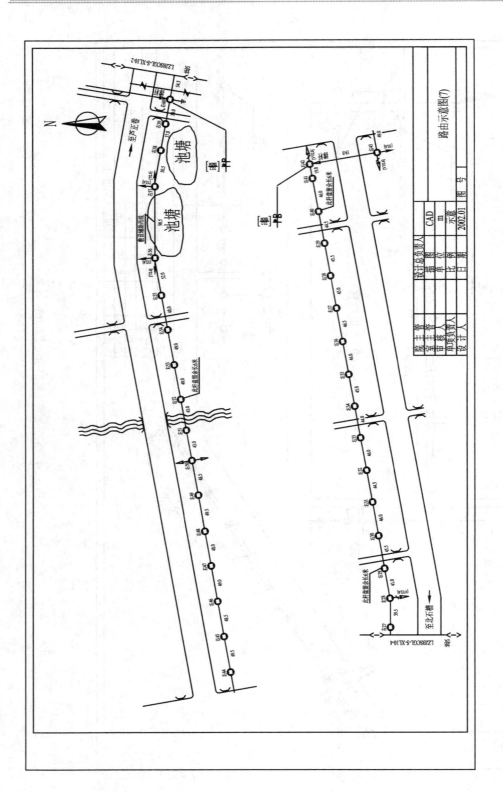

图 3.2-8 架空光缆工程路由示意图(7)

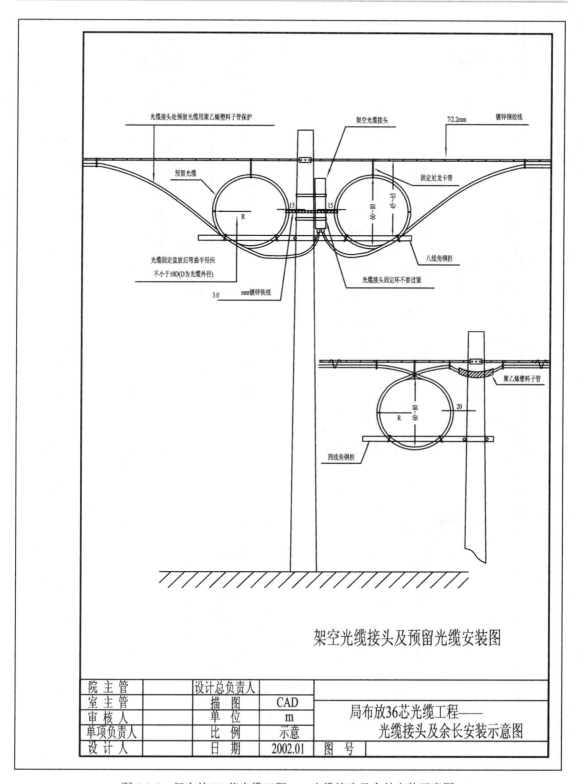

图 3.2-9  局布放 36 芯光缆工程——光缆接头及余长安装示意图

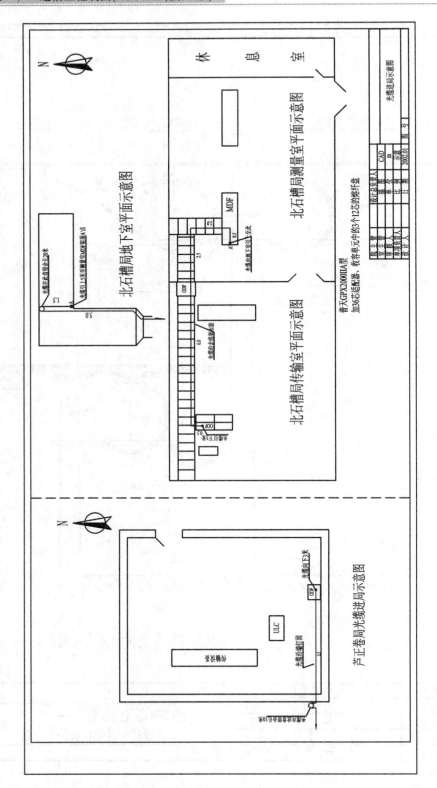

图 3.2-10  光缆进局示意图

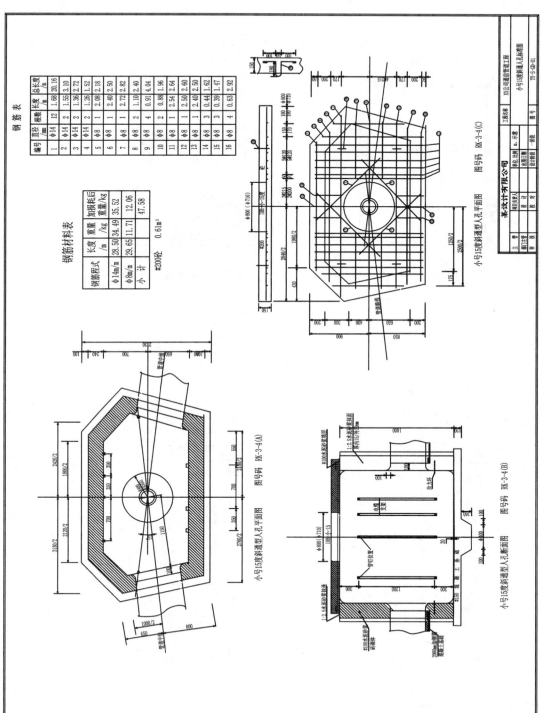

图 3.3-1　通信管道工程图——小号 15°斜通人孔标准图

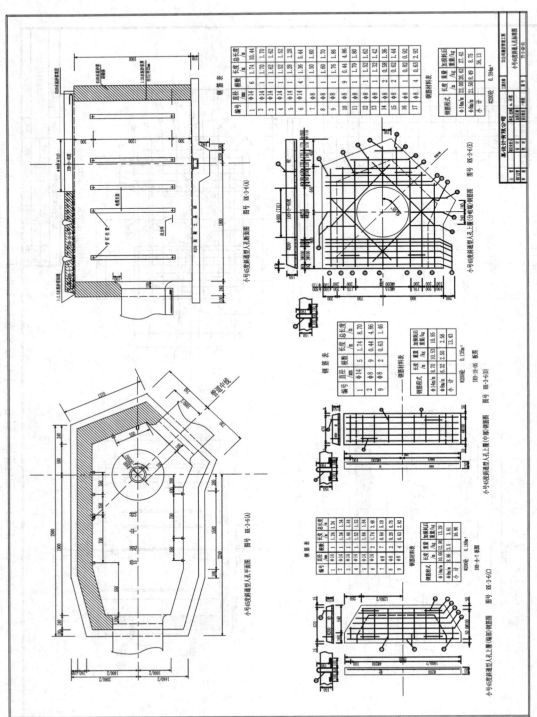

图 3.3-2 通信管道工程图——小号 45°斜通人孔标准图

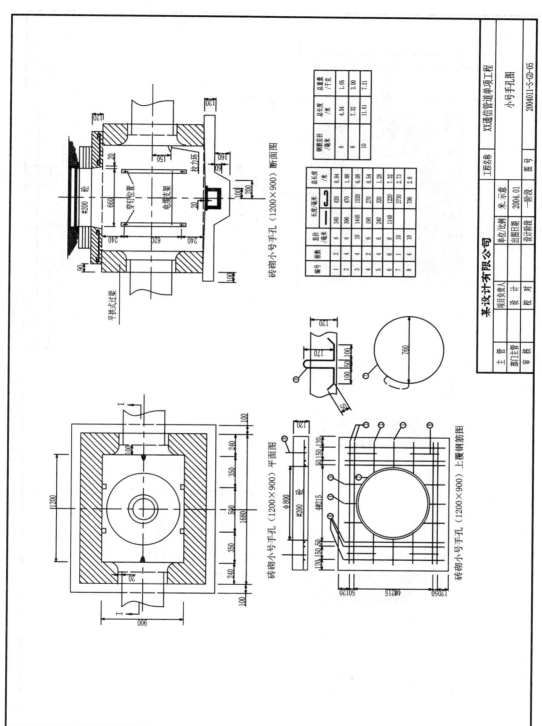

图 3.3-3 通信管道工程图——小号手孔图

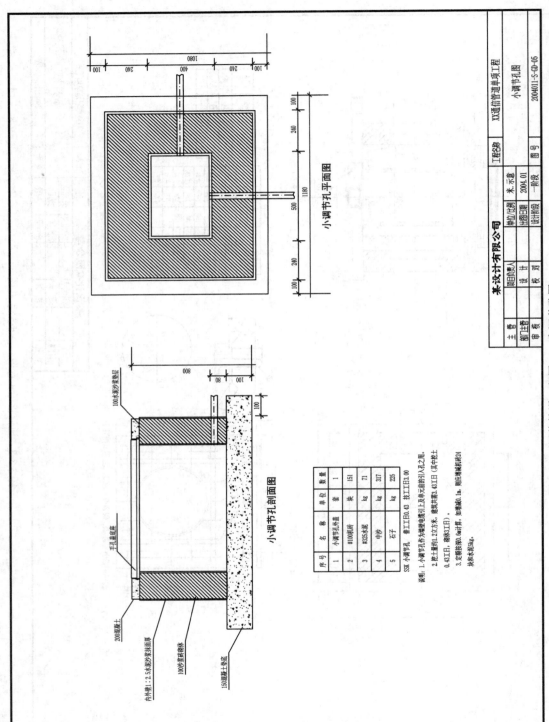

图 3.3-4 通信管道工程图——小调节孔图

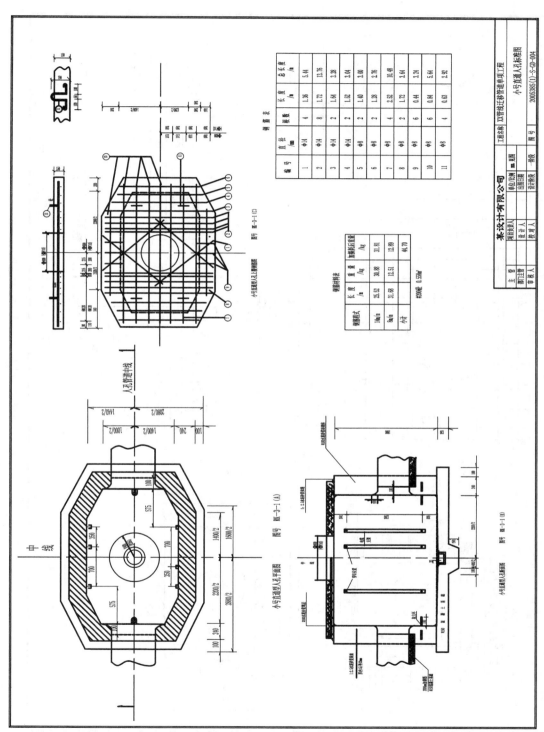

图 3.3-5　通信管道工程图——小号直通人孔标准图

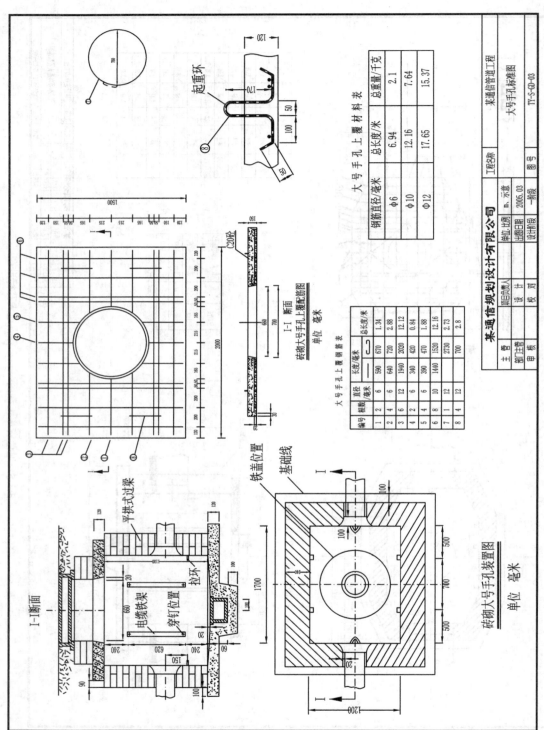

图 3.3-6 通信管道工程图——大号手孔标准图

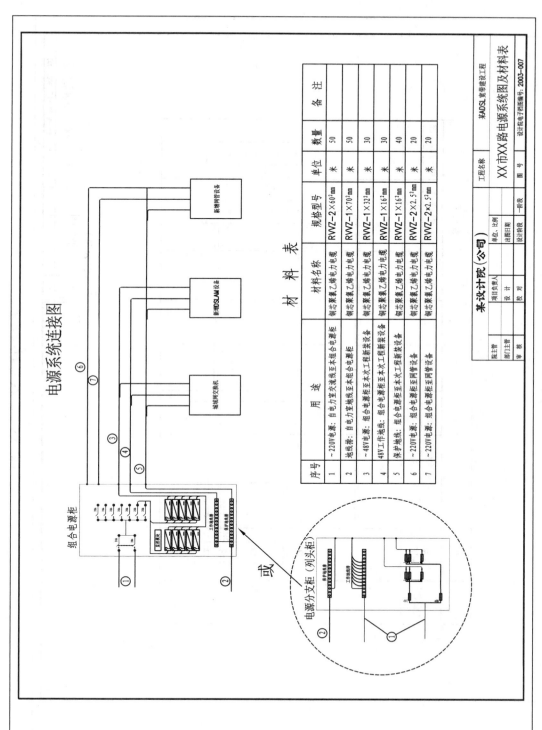

图 3.3-7 XX市XX路电源系统图及材料表

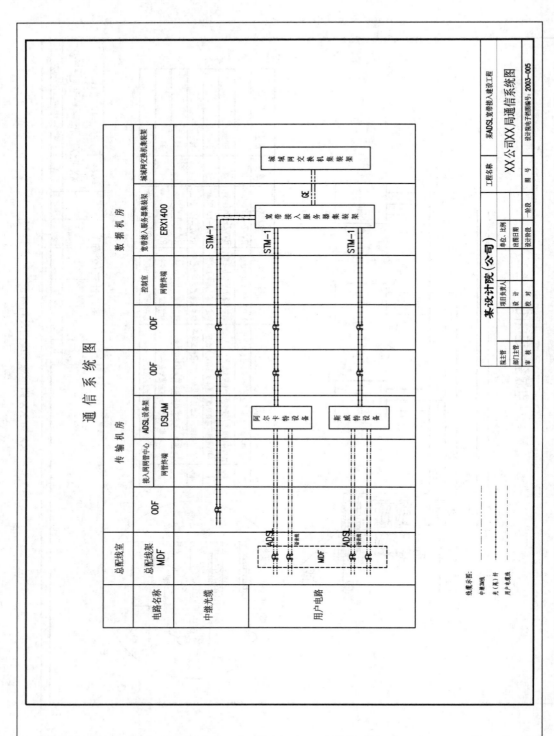

图 3.3-8 XX 公司 XX 局通信系统图

# 附　录

# 附录 A　工程制图相关岗位及证书介绍

随着首批国内外电信运营商启动 5G 部署，全球范围内的 5G 产业机遇正在到来。5G 即第五代移动通信技术，相比目前的 4G 技术，其网络峰值速率可增长数十倍。基于强大的通信和带宽能力，5G 网络一旦应用，车联网、物联网、智慧城市等概念将变为现实。5G 技术还有望应用到工业、医疗、安全等领域，极大地促进生产效率，创新生产方式。2018 年，首批电信运营商开展了 5G 网络建设，且网络建设投资不低于 4G 网络建设，其总额超过 1000 亿美元，中国三大电信运营商的网络建设支出超过 3000 亿元。通信技术的快速发展，也使得通信市场持续扩大，通信建设工程项目和通信工程设计方向的人才需求也将不断增加。

## 一、通信工程制图相关岗位介绍

"通信工程制图(AutoCAD)"课程主要讲授通信工程制图的绘制，为学生从事通信方面的工作打好基础。该课程所对应的职业岗位主要包括通信工程绘图员。该岗位的主要要求包括：

(1) 理解和掌握通信工程图纸绘制的规范要求；
(2) 能运用所学的通信工程图例，正确进行通信工程图纸的识读；
(3) 能熟练使用通信工程绘图软件进行通信工程图纸的绘制。

通过附表 A-1 的几则招聘信息，可以了解市场上对绘图员的具体要求。

附表 A-1　招 聘 信 息

| 序号 | 岗位名称 | 岗 位 职 责 |
|------|----------|------------|
| 1 | CAD 绘图员 | (1) 根据项目需求进行方案设计；<br>(2) 根据设计方案，进行细部设计；<br>(3) 协助公司设计师修改图纸等；<br>(4) 大专及以上学历；<br>(5) 熟练使用 CAD、PS 等绘图软件；<br>(6) 良好的逻辑思维能力和数理分析能力，出色的交流沟通能力和团队协作能力；<br>(7) 熟练操作电脑，精通 AutoCAD 等专业软件 |
| 2 | CAD 绘图文员 | (1) 大专及以上学历，有志于从事设计及艺术行业；<br>(2) 良好的计算机基础，能熟练操作各种办公软件；<br>(3) 对 CAD 设计有兴趣，愿意花时间学习和钻研技术，逻辑思维能力强 |

| 序号 | 岗位名称 | 岗 位 职 责 |
|---|---|---|
| 3 | CAD 设计师 | (1) 具有良好的美术基础和创意构思能力；<br>(2) 能熟练操作 AutoCAD、Photoshop 等软件，有工作经验者优先录用；<br>(3) 能与客户沟通，了解客户意向、设计委托意向，了解客户的真实需求；<br>(4) 与客户沟通设计思想和设计效果；<br>(5) 具有优秀的组织、管理、协调和沟通能力，责任心强，有团队协作精神 |
| 4 | CAD 绘图员/<br>通信工程管线<br>设计师 | (1) 2016 年、2017 年应届大专及以上学历；<br>(2) 熟练使用 CAD、PS 等绘图软件；<br>(3) 良好的逻辑思维能力和数理分析能力，出色的交流沟通能力和团队协作能力；<br>(4) 熟练操作电脑，精通 AutoCAD 等专业软件；<br>(5) 学生干部及成绩优秀者优先 |

## 二、有关 AutoCAD 工程绘图的相关认证及证书介绍

### 1. Autodesk(欧特克)认证

欧特克软件公司在全球数字化设计领域企业中，拥有超过 900 万用户，财富 500 强中 90% 的企业都是欧特克产品的用户。欧特克认证，在这些企业中具有较高的认可度。Autodesk 认证是业界广泛认可的专业资质认证，跨越建筑工程、制造业、基础设施、传媒娱乐等多个行业。Autodesk 认证印证了行业人员的专业知识和综合技能，以及成功从事以上相关行业创作的实践能力，为行业人员的知识储备和实践技能提供了全球认可的证明，证明行业人员具有娴熟灵活地运用相关设计软件高质量、高效率地完成全部创作的能力。获得 Autodesk 认证将成就行业人员的专业创作生涯，提高行业人员的竞争力和个人信誉，使行业人员更受雇主的青睐，帮助行业人员在职业发展中更加成功。

Autodesk 认证考试是 Autodesk 软件公司唯一承认的认证考试，只有在 Autodesk 软件授权培训机构(ATC)接受培训并通过专项考试者才能获得认证。它是为提高相关行业人员的数字化设计能力而实施的应用型专业技术水平考试。

考试对象：大中专、职业技术院校的考生及相关行业的设计人员。

考试流程：

(1) 参加 Autodesk 认证的相关课程学习；

(2) 通过 Autodesk 相关证书的认证考试；

(3) 考试合格者将获得 Autodesk 全球通用证书，并进入 Autodesk 人才库。

考试内容：Autodesk 认证考试根据计算机辅助设计发展的特点和学习者在应用领域中的需要，采用模块化结构，培养和测试学生对 Autodesk 系列软件的独立操作能力。Autodesk 认证考试应试题目由考生考试时从 Autodesk 题库中随机抽取，对考生的独立操作能力和独立解决问题的能力进行了综合测试。

考试形式：Autodesk 公司自 2006 年 2 月起实行全国统一的认证考试体系，Autodesk

认证考试是基于网络统一联机的。考试由 Autodesk 统一提供考试内容，统一判卷，统一发放证书。

Autodesk 国际认证考试列表及价格，如附表 A-2 所示。

**附表 A-2　Autodesk 国际认证考试列表及价格**

| 欧特克认证证书名称 | 对应软件 | 主要行业 | 指导价格 |
|---|---|---|---|
| AutoCAD Associate<br>AutoCAD 初级工程师 | AutoCAD | 建筑、土木、环艺、工业、机械、电气 | 200 元 |
| AutoCAD Professional<br>AutoCAD 工程师 | AutoCAD | 建筑、土木、环艺、工业、机械、电气 | 300 元 |
| AutoCAD Mechanical Associate<br>AutoCAD Mechanical 初级工程师 | AutoCAD Mechanical | 工业、机械 | 200 元 |
| AutoCAD Civil 3D Associate<br>AutoCAD Civil 3D 初级工程师 | AutoCAD Civil 3D | 土木、基础设施 | 200 元 |
| Autodesk Inventor Associate<br>Autodesk Inventor 初级工程师 | Inventor | 工业、机械、制造业 | 300 元 |
| Autodesk Inventor Professional<br>Autodesk Inventor 工程师 | Inventor | 工业、机械、制造业 | 300 元 |
| Autodesk Revit Architecture Associate<br>Autodesk Revit Architecture 初级工程师 | Revit Architecture | 建筑、土木 | 200 元 |
| Autodesk Revit Architecture Professional<br>Autodesk Revit Architecture 工程师 | Revit Architecture | 建筑、土木 | 300 元 |
| Autodesk 3ds Max Associate<br>Autodesk 3ds Max 产品专员 | 3ds Max | 建筑、制造业、影视动画、广告业 | 300 元 |
| Autodesk 3ds Max Professional<br>Autodesk 3ds Max 产品专家 | 3ds Max | 建筑、制造业、影视动画、广告业 | 300 元 |
| Autodesk 3ds Max Design Visualization Designer<br>Autodesk 3ds Max Design 可视化设计师 | 3ds Max Design | 建筑业、制造业、环艺 | 300 元 |
| Autodesk Maya Associate<br>Autodesk Maya 产品专员 | Maya | 影视动画、广告业、建筑业、制造业 | 300 元 |
| Autodesk Maya Professional<br>Autodesk Maya 产品专家 | Maya | 影视动画、广告业、建筑业、制造业 | 300 元 |
| Autodesk AliasStudio Associate<br>Autodesk AliasStudio 初级工程师 | AliasStudio | 工业设计、产品设计 | 300 元 |
| Autodesk AliasStudio Professional<br>Autodesk AliasStudio 初级工程师 | AliasStudio | 工业设计、产品设计 | 300 元 |

### 2. 全国计算机信息高新技术考试

随着我国信息化进程的加快，计算机信息技术应用已成为现代职业的必备技能。全国计算机信息高新技术考试始终坚持以职业活动为导向，以职业能力为核心，坚持科学性原则，突出职业技能和就业能力，内容具有鲜明的职业性、针对性和实用性。考试合格证书对于具有什么计算机信息技术应用能力和具有什么水平有明确的表述，使之成为有效的就业通行证，持证者具有相应职业技能和实际操作能力，得到众多用人单位的认可，从而有效地提高了就业竞争能力，有力地促进了劳动者就业。全国计算机信息高新技术考试面对广大计算机技术应用者，致力于计算机应用技术的普及和推广，以及提高应用人员的操作技术水平和高新技术装备的使用效率，为高新技术应用人员提供一个应用能力与水平的标准证明，以促进就业和人才流动。

全国计算机信息高新技术考试密切结合计算机技术迅速发展的实际情况，根据软硬件发展的特点来设计考试内容和考核标准及方法，侧重专门软件的应用，以软件为对象，以标准作业为载体，重在考核计算机软件的操作能力。考试以实际操作为主，考试方法是在计算机上使用相应的程序完成具体的作业任务，重在考核计算机软件的操作能力。它采用模块化的培训考试设计，根据不同领域中的计算机应用情况，以职业功能分析法为依据建立若干个实用软件的独立模块，应试者可根据自己工作岗位的需要选择相应模块，有效地解决了计算机专业不同应用领域的特殊性问题。考试合格证书上会显示考生的相关信息，用人单位能清楚地了解考生掌握计算机应用的实际技术水平。

全国计算机信息高新技术考试面向社会各界、各个层次的劳动者，不分职业、学历和年龄，均可报名参加。考生可自行选择考试模块和系列，可持身份证(或军人证，无身份证的需持户口本)到经人力资源和社会保障部职业技能鉴定中心授权的全国计算机信息高新技术考试站报名参加考试。具体考试时间可就近咨询考试站，考生可按考试站的培训和考试时间选择适合自己的时间。

该考试随培随考，采用模块化的考试方式。根据计算机应用特点分类，形成大的应用模块，每个大模块内，又根据相关软件的特点，分成小的系列，再从小系列中取出考核点，形成考核单元进行考试。该考试使用全国统一题库，目前的题库为每个模块八个单元，每个单元含 20 道题。考试站在确定考试时间后，提前向考试服务中心提交考试申请，由考试服务中心下发考生选题单，考试时从每个单元的 20 道题中，随机抽取 1 道题组成 1 套有 8 道题的试题，考试站按时组织考试。

操作员和高级操作员级的考试，全部采取上机实际测试操作技能的方式进行，考试时间为 120 分钟；操作师的考试采取上机实际测试操作技能和理论考试相结合的方式进行，上机考试时间为 120 分钟，理论考试时间为 60 分钟；高级操作师的考试采取上机实际测试操作技能和论文答辩相结合的方式进行，上机考试时间为 120 分钟，论文答辩时间为 60 分钟。同时，人力资源和社会保障部职业技能鉴定中心在全国计算机信息高新技术考试中，引进全美测评软件系统(北京)有限公司(以下简称"ATA")的先进考试技术，开展智能化考试。

关于计算机辅助设计(AutoCAD 平台，中、高级)应用技能培训和鉴定标准如下：

1) 定义

使用微机及相关外部设备，利用计算机辅助设计软件完成绘制与设计等事务的工作技能。

2) 适用对象

从事工程设计及图形绘制的工作人员与要求掌握计算机辅助设计软件应用技能的人员。

3) 相应等级

(1) 绘图员：专项技能水平相当于中华人民共和国职业资格技能等级四级；能使用一种计算机辅助设计软件及其相关设备，以交互方式进行较简单的图形绘制，完成较简单的设计。

(2) 高级绘图员：专项技能水平相当于中华人民共和国职业资格技能等级三级；能使用一种计算机辅助设计软件及其相关设备完成综合性工作，以交互方式独立、熟练地绘制较复杂的图形，完成较复杂的设计，并具有相应的教学能力。

(3) 绘图师：专项技能水平相当于中华人民共和国职业资格技能等级二级；能使用一种计算机辅助设计软件及其相关设备完成复杂的综合性工作，以交互方式独立、熟练地绘制复杂的图形，完成复杂的设计，并具备软件二次开发能力和相应的教学能力。

4) 技能标准

(1) 绘图员。

① 知识要求：

➢ 掌握一种计算机辅助设计软件系统的基本组成及一种操作系统平台的一般使用知识；

➢ 掌握环境设置基本知识；

➢ 掌握简单图形的绘制及编辑的基本方法和知识；

➢ 掌握建库及库调用的基本方法和知识；

➢ 掌握图形的输出及相关设备的使用方法和知识。

② 技能要求：

➢ 具有基本的操作系统使用能力；

➢ 具有环境设置基本能力；

➢ 具有基本图形的生成和编辑能力；

➢ 具有建库及库调用的能力；

➢ 具有图形的输出及相关设备的使用能力；

➢ 实际能力要求达到能够使用计算机辅助设计相关软件和设备熟练地绘制较简单的图形，完成较简单的设计。

(2) 高级绘图员。

① 知识要求：

➢ 掌握一种计算机辅助设计软件系统的基本组成及一种操作系统平台的高级使用知识；

➢ 掌握较复杂图形的绘制及编辑的方法和知识；

➤ 掌握建库及库调用的方法和知识;
➤ 掌握图形的输出及相关设备的使用方法和知识;
➤ 掌握计算机辅助设计软件与其他软件接口的知识;
➤ 掌握较高级环境设置知识;
➤ 掌握较高级产品设计实现技巧;
➤ 掌握计算机辅助设计软件的安装与系统配置的方法和知识。
② 技能要求:
➤ 具有操作系统高级使用能力;
➤ 具有较复杂图形的生成及编辑能力;
➤ 具有库操作能力;
➤ 具有图形的输出及相关设备的使用能力;
➤ 具有与其他软件接口的能力;
➤ 具有较高级环境设置的能力;
➤ 具有较高级产品设计实现能力;
➤ 具有计算机辅助设计软件的安装与系统配置能力;
➤ 具有相应的教学能力。
(3) 绘图师。
① 知识要求:
➤ 掌握一种计算机辅助设计软件系统的基本组成及一种操作系统平台的高级使用知识;
➤ 掌握复杂图形的绘制及编辑的方法和知识;
➤ 掌握建库及库调用的方法和知识;
➤ 掌握图形的输出及相关设备的使用方法和知识;
➤ 掌握计算机辅助设计软件与其他软件接口的知识;
➤ 掌握高级环境设置知识;
➤ 掌握高级产品设计实现技巧;
➤ 掌握计算机辅助设计软件的安装与系统配置的方法和知识。
② 技能要求:
➤ 具有操作系统高级使用能力;
➤ 具有复杂图形的生成及编辑能力;
➤ 具有库操作能力;
➤ 具有图形的输出及相关设备的使用能力;
➤ 具有与其他软件接口的能力;
➤ 具有高级环境设置能力;
➤ 具有高级复杂产品的设计实现能力;
➤ 具有计算机辅助设计软件的安装与系统配置能力;
➤ 具有相应的教学能力和软件二次开发能力。

5) 鉴定要求

(1) 申报条件。

申请参加考核的人员，经过要求培训后，根据本人能力和实际需要，可参加本模块设置的相应等级、平台的考试。取得应用电子专业、无线电专业、通信专业、自动化专业、机电专业或相关专业的专科、本科毕业证的毕业生，可以直接申报高级绘图员级考试。取得应用电子专业、无线电专业、通信专业、自动化专业、机电专业或相关专业的本科毕业证书，并连续从事本职工作 1 年以上的毕业生(专科 2 年以上)可以直接申报绘图师级考试。

(2) 考评员组成。

考核应由经人力资源和社会保障部职业技能鉴定中心注册的考评员组成的考评组主持，每场考试的考评组需由三名以上注册考评员组成，每位考评员在一场考试中最多监考、评判 10 名考生。

(3) 鉴定方式与鉴定时间。

鉴定方式：使用全国统一题库，按照操作或编程要求，完成指定的考试题目。操作技能考试全部在计算机的相应操作系统和应用程序中完成，实际测试操作能力；编程部分以笔试方式进行考试。

鉴定时间：实际测试操作技能 120 分钟；绘图师另外增加理论考试 60 分钟。

6) 鉴定内容

(1) 绘图员。

文件操作：建立新图形；调用已存在的图形文件；将当前图形文件存盘；用绘图机或打印机输出图形。

绘制、编辑二维图形：设置绘图环境；设置图素的基本属性；绘制图形；编辑图形；标注和修改尺寸。设置绘图环境：设置绘图极限、单位制和精度、参考网格(GRID)、捕捉网格(SNAP)、正交等。设置图素的基本属性：设置图层；设置图素的颜色、线型等基本属性；定义字型；设置尺寸标注变量和尺寸标注模式。绘制图形：绘制点、线、圆、圆弧、多义线等基本图素；绘制文字；绘制复杂图形，如块的定义与插入、图案填充等；使用网格捕捉、正交、目标捕捉等辅助绘图工具，按照规定尺寸准确绘制各种基本图素。编辑图形：使用各种编辑命令(如删除、恢复、拷贝、移动、旋转、镜像、变比、拉伸、裁剪、修圆角、倒角、延伸等命令和自动编辑功能)编辑点、线、圆、圆弧、多义线等基本图素；编辑文字；编辑复杂图形，如插入的块、填充图案等；修改图素的基本属性，如图素的驻留层，图素的颜色、线型等。标注和修改尺寸：标注长度型、角度型、直径型、半径型、旁注型、连续型、基线型尺寸；标注圆心或中心线尺寸；标注尺寸公差；标注极限尺寸；修改以上各种类型的相关尺寸。

(2) 高级绘图员。

文件操作：使用样板图建立新图形；调用已存在的图形文件；将当前图形文件存盘；用绘图机或打印机输出图形。

绘制、编辑二维图形：设置绘图环境；设置图素的基本属性；绘制图形；编辑图形；标注和修改尺寸。设置绘图环境：设置绘图极限、单位制和精度、参考网格(GRID)、捕捉网格(SNAP)、正交等。设置图素的基本属性：设置图层；设置图素的颜色、线型等基本属性；定义字型；设置尺寸标注变量和尺寸标注模式。绘制图形：绘制点、线、圆、圆弧、多义线等基本图素；绘制文字，如特殊文本输入；绘制复杂图形，如块的定义与插入、外部引用、图案填充等；使用网格捕捉、正交、目标捕捉等辅助绘图工具，按照规定尺寸准确绘制各种基本图素。编辑图形：使用各种编辑命令(如删除、恢复、拷贝、移动、旋转、镜像、变比、拉伸、裁剪、修圆角、倒角、延伸等命令和自动编辑功能)编辑点、线、圆、圆弧、多义线等基本图素；编辑文字；编辑复杂图形，如插入的块、填充图案等；修改图素的基本属性，如图素的驻留层，图素的颜色、线型等。标注和修改尺寸：标注长度型、角度型、直径型、半径型、旁注型、连续型、基线型尺寸；标注圆心或中心线尺寸；标注尺寸公差；标注极限尺寸；修改以上各种类型的相关尺寸。

建立产品的三维模型：生成与编辑三维线框曲面图形，如三维网格曲面、直纹曲面、柱面、旋转曲面、边界曲面等；生成与编辑三维实体的基本体素，并对其作交、并、差布尔运算；生成三维立体的多视图；在图纸空间的浮动视窗内布置三维模型的不同视图，调整各视窗的显示比例和层的显示。

建立适于用户的作图环境：定义专用符号；定制程序参数文件、线型库文件、填充图案文件、命令文件、幻灯片文件等；生成形文件，并通过形文件定义图形符号库、字体库、汉字库等。建立用户菜单：定义屏幕菜单、下拉菜单、光标菜单、图标菜单、弹出菜单等。

安装 AutoCAD 系统：在 DOS 或 Windows 平台上安装 AutoCAD 系统。配置 AutoCAD 系统：配置显示器、绘图机、鼠标器、图形输入板等。

(3) 绘图师。

文件操作：使用样板图建立新图形；调用已存在的图形文件；将当前图形文件存盘；用绘图机或打印机输出图形。

绘制、编辑二维图形：设置绘图环境；设置图素的基本属性；绘制图形；编辑图形；标注和修改尺寸。设置绘图环境：设置绘图极限、单位制和精度、参考网格(GRID)、捕捉网格(SNAP)、正交等。设置图素的基本属性：设置图层；设置图素的颜色、线型等基本属性；定义字型；设置尺寸标注变量和模式。绘制图形：绘制点、线、圆、圆弧、多义线等基本图素；绘制文字，如特殊文本输入；绘制复杂图形，如块的定义与插入、外部引用、图案填充等；使用网格捕捉、正交、目标捕捉等辅助绘图工具，按照规定尺寸准确绘制各种基本图素。编辑图形：使用各种编辑命令(如删除、恢复、拷贝、移动、旋转、镜像、变比、拉伸、裁剪、修圆角、修倒角、延伸等命令和自动编辑功能)编辑点、线、圆、圆弧、多义线等基本图素；编辑文字；编辑复杂图形，如插入的块、填充图案等；修改图素的基本属性，如图素的驻留层，图素的颜色、线型等。标注和修改尺寸：标注长度型、角度型、直径型、半径型、旁注型、连续型、基线型尺寸；标注圆心或中心线尺寸；标注尺寸公差；标注极限尺寸；修改以上各种类型的相关尺寸。

建立产品的三维模型：生成与编辑三维线框曲面图形，如三维网格曲面、直纹曲面、柱面、旋转曲面、边界曲面等；生成与编辑三维实体的基本体素，并对其作交、并、差布尔运算；生成三维立体的多视图；在图纸空间的浮动视窗内布置三维模型的不同视图，调整各视窗的显示比例和层的显示。

建立适于用户的作图环境：定义专用符号；定制程序参数文件、线型库文件、填充图案文件、命令文件、幻灯片文件等；生成形文件，并通过形文件定义图形符号库、字体库、汉字库等。建立用户菜单：定义屏幕菜单、下拉菜单、光标菜单、图标菜单、弹出菜单等。

安装 AutoCAD 系统：在 DOS 平台上安装 AutoCAD 系统；在 Windows 平台上安装 AutoCAD 系统。配置 AutoCAD 系统：配置显示器、绘图机、鼠标器、图形输入板等。

利用 AutoLISP 语言与 DCL 工具对图形系统进行二次开发：用 AutoLISP 语言定义新命令；用 DCL 语言定义与管理用户对话框。用 AutoLISP 语言定义新命令：熟悉 AutoLISP 各种函数的功能与用法，如算术运算函数、关系函数、表操作函数、几何函数、文件处理函数与显示控制函数等；用 AutoLISP 的各种函数比较熟练地编制 AutoLISP 程序。用 DCL 语言定义与管理用户对话框：熟悉 DCL 语法规则与编程方法；利用 DCL 定义用户对话框；利用 AutoLISP 定义对话框管理函数并编制用户对话框管理程序。

7) 全国计算机信息高新技术考试证书介绍

全国计算机信息高新技术考试合格证书作为反映计算机操作技能水平的基础性职业资格证书，在要求计算机操作能力并实行岗位准入控制的相应职业作为上岗证；在其他就业和职业评聘领域作为计算机相应操作能力的证明。

全国计算机信息高新技术考试操作员级证书样张如附图 A-1 所示；全国计算机信息高新技术考试高级操作员级证书样张如附图 A-2 所示；全国计算机信息高新技术考试证书背面样张如附图 A-3 所示。

附图 A-1　全国计算机信息高新技术考试操作员级证书样张

附图 A-2　全国计算机信息高新技术考试高级操作员级证书样张

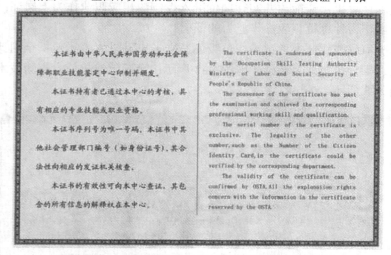

附图 A-3　全国计算机信息高新技术考试证书背面样张

### 3. 全国计算机辅助技术认证项目(CAXC)

全国计算机辅助技术认证项目主要面向全国各类大中专院校、职业技术类院校师生以及希望就职于计算机辅助设计(CAD)、计算机辅助工程(CAE)、计算机辅助制造(CAM)、计算机辅助工艺计划(CAPP)、产品数据管理(PDM)等相关行业的社会人员，以提高广大院校师生和各类工程技术人员的职业技能为宗旨，通过专业、系统的技能课程培训、认证，帮助学员掌握就业必备的知识与技能。

#### 1) 认证对象

认证对象包括各相关专业院校学生、企业相关工程技术人员，以及以制造业相关岗位为工作方向的社会人员。学员不受年龄、职业、学历等背景的限制，均可根据自己的学习情况和实际能力选报相应的科目。学员一次可以报考一个或多个科目。学员可以根据情况选择参加或不参加考前培训，参加培训的学员由培训单位统一组织报名，不参加培训的学员可以选择就近的考点直接报名参加考试。

2) 认证科目

目前，CAXC 项目的考试内容已涵盖工业企业产品开发流程中的各个环节。考试科目设置以企业实际需求为导向，以培养学员实践技能为目标，并根据课程内容的不同，将考试科目细化为机械设计类、机械制造类、建筑设计类、模具类、设计分析等一系列认证考试(详细请见附表 A-3 和附表 A-4)。随着工业信息技术的不断发展及应用，CAXC 项目还将逐步推出新的认证科目。

附表 A-3　全国计算机辅助技术认证项目(CAXC)体系表(机械、建筑科目)

| 名称 | 考试内容 | | | 证 书 描 述 |
|---|---|---|---|---|
| | 必考 | 选考 | 方向 | |
| 机械二维CAD工程师 | 工程图标准；识图能力 | AutoCAD CAXA | 机械设计 | 参加了全国计算机辅助技术项目的学习，通过了二维 CAD 工程师(机械设计方向)的认证考试，掌握了机械设计的基本方法和技能，能熟练使用二维设计软件完成相关工作，特发此证 |
| 建筑二维CAD工程师 | 工程图标准；识图能力 | AutoCAD CAXA | 建筑设计 | 参加全国计算机辅助技术项目的学习，通过了二维 CAD 工程师(建筑设计方向)的认证考试，能熟练使用二维设计软件完成相关工作，特发此证 |
| 模具设计工程师 | 模具设计基础 | UG NX 等模具软件工具包 | 注塑模 | 参加全国计算机辅助技术项目的学习，通过了模具设计工程师(注塑模方向)的认证考试，掌握了模具设计的基本方法和技能，可完成模具的设计、计算，生成模具装配图，特发此证 |
| | | | 冷冲模 | 参加全国计算机辅助技术项目的学习，通过了模具设计工程师(冷冲模方向)的认证考试，掌握了模具设计的基本方法和技能，可完成模具的设计、计算，生成模具装配图，特发此证 |
| | | | 消失模 | 参加全国计算机辅助技术项目的学习，通过了模具设计工程师(消失模方向)的认证考试，掌握了模具设计的基本方法和技能，可完成模具的设计、计算，生成模具装配图，特发此证 |
| 机械三维CAD工程师 | 工程图标准；识图能力；装配体；爆炸图 | CAXA 实体；SolidWorks；Solid Edge；UG NX；Inventor；CATIA | | 参加全国计算机辅助技术项目的学习，通过三维 CAD 工程师的认证考试，掌握三维设计的基本方法和技能，能熟练使用三维设计软件完成机械产品设计、绘制工程图及爆炸图的相关工作，特发此证 |
| 机械CAE工程师 | 机械设计基础；工程力学基础 | Ansys 分析；UG-CAE | | 参加全国计算机辅助技术项目的学习，通过了CAE 工程师的认证考试，掌握了 CAE 分析的基本方法和技能，可完成产品设计分析，提出优化方案，有效降低实验和生产成本，提高产品质量，特发此证 |
| 机械CAM工程师 | 计算机辅助制造基础 | UG 加工；CAXA加工；Master CAM 加工；Cimatron 加工 | | 参加全国计算机辅助技术项目的学习，通过CAM 工程师的认证考试，掌握 CAM 加工的基本方法和技能，可完成数控加工编程和操作，特发此证 |

**附表 A-4　全国计算机辅助技术认证项目(CXC)体系表(服装科目)**

| 名　称 | 必考 | 选考 | 证 书 描 述 |
|---|---|---|---|
| 服装 CAT 工程师 | 服装号型；人体参数测量；体型分析 | 认证软件或实操设备 | 参加全国计算机辅助技术项目的学习，通过了服装 CAT 工程师的认证考试，掌握了人体测量及体型分析等技能，可完成服装大规模定制(MTM)中的相关技术工作，特发此证 |
| 服装纸样 CAD 工程师 | 服装款式图；纸样；放码 | | 参加全国计算机辅助技术项目的学习，通过了服装纸样 CAD 工程师的认证考试，能熟练使用服装纸样设计系统完成服装制板与放码等相关工作，特发此证 |
| 服装排料 CAD 工程师 | 服装生产工艺；成衣号型；分床方案；排料 | | 参加全国计算机辅助技术项目的学习，通过了服装排料 CAD 工程师的认证考试，能熟练使用服装排料系统完成排料图设计等相关工作，特发此证 |
| 服装款式 CAD 工程师 | 服装设计基础；配色与面料；效果图及系列设计 | | 参加全国计算机辅助技术项目的学习，通过了服装款式 CAD 工程师的认证考试，能熟练使用设计软件完成服装款式系列设计的相关工作，特发此证 |
| 数码印花 CAD 工程师 | 图案及面料设计；数码印花设计 | | 参加全国计算机辅助技术项目的学习，通过了数码印花 CAD 工程师的认证考试，掌握了图案及面料设计、数码印花的相关技能，特发此证 |
| 服装 CAPP 工程师 | 标准工时与工价；工序分割；标准工艺卡；工艺流程 | | 参加全国计算机辅助技术项目的学习，通过了服装 CAPP 工程师的认证考试，能熟练使用相关软件完成工艺单和流程图设计等工作，特发此证 |
| 服装 CAM 工程师 | 成衣号型归号；分床与成本核算；自动裁床操作 | | 参加全国计算机辅助技术项目的学习，通过了服装 CAM 工程师的认证考试，掌握计算机辅助服装工业生产制造等技能，特发此证 |
| | 模板设计；模板制作；模板应用 | | 参加全国计算机辅助技术项目的学习，通过了服装 CAM 工程师的认证考试，可完成服装缝制模板设计与自动缝制的相关工作，特发此证 |
| 服装 CAE 工程师 | 生产线组织与平衡；标准工时定额；品质控制 | | 参加全国计算机辅助技术项目的学习，通过了服装 CAE 工程师的认证考试，掌握计算机辅助服装生产管理的基本知识和技能，特发此证 |
| 服装 PLM 工程师 | 服装产品全生命周期管理(PLM)；服装产品营销 | | 参加全国计算机辅助技术项目的学习，通过了服装 PLM 工程师的认证考试，掌握 PLM、服装产品店面营销、网络营销等技能，特发此证 |

3) 认证证书

    CAXC 项目证书由教育部教育管理信息中心颁发，证书的真伪可登录项目官方网站www.caxc.org.cn 查询(或到中国教育资源网 www.cern.net.cn 查询)。该证书全国通用，是持证人专业信息技术能力的权威证明，可作为单位录用、考核、定级时的参考依据，如附图A-5 所示。

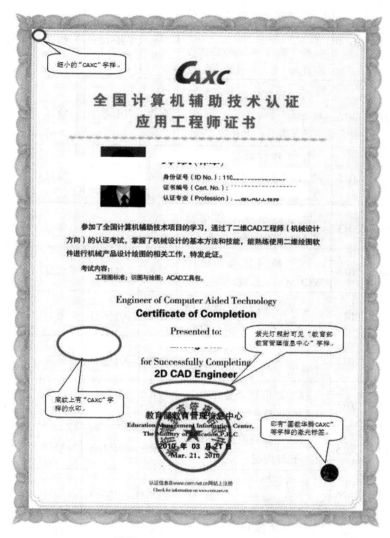

附图 A-5　CAXC 项目证书样书

# 附录 B　最新通信行业标准规范一览表

| 序号 | 标准编号 | | | 标准名称 | 状态 | 实施时间 | 修订/制定 | 代替标准 |
|---|---|---|---|---|---|---|---|---|
| 1 | YD | 5084.3 | 2015 | 交换设备抗地震性能检测规范<br>第三部分：移动通信核心网设备 | 有效 | 2015/7/1 | 修订 | YD 5084—2005 |
| 2 | YD | 5091.1 | 2015 | 传输设备抗地震性能检测规范<br>第一部分：光传输设备 | 有效 | 2015/7/1 | 修订 | YD 5091—2005 |
| 3 | YD/T | 5104 | 2015 | 数字蜂窝移动通信网900/1800 MHz TDMA 工程设计规范 | 有效 | 2015/7/1 | 修订 | YD/T 5104—2005 |
| 4 | YD/T | 5110 | 2015 | 数字蜂窝移动通信网CDMA2000 工程设计规范 | 有效 | 2015/7/1 | 修订 | YD 5110—2009 |
| 5 | YD/T | 5111 | 2015 | 数字蜂窝移动通信网WCDMA 工程设计规范 | 有效 | 2015/7/1 | 修订 | YD/T 5111—2009 |
| 6 | YD/T | 5112 | 2015 | 数字蜂窝移动通信网TD-SCDMA 工程设计规范 | 有效 | 2015/7/1 | 修订 | YD/T 5112—2008 |
| 7 | YD | 5115 | 2015 | 移动通信直放站工程技术规范 | 有效 | 2015/7/1 | 修订 | YD/T 5115—2005<br>YD/T 5180—2009 |
| 8 | YD | 5133 | 2015 | 移动通信钢塔桅工程施工监理规范 | 有效 | 2015/7/1 | 修订 | YD 5133—2005 |
| 9 | YD/T | 5144 | 2015 | 自动交换光网络(ASON)工程设计规范 | 有效 | 2015/7/1 | 修订 | YD 5144—2007 |
| 10 | YD | 5158 | 2015 | 移动多媒体消息中心工程设计规范 | 有效 | 2015/7/1 | 修订 | YD 5158—2007 |
| 11 | YD | 5172 | 2015 | 数字蜂窝移动通信网CDMA2000 工程验收规范 | 有效 | 2015/7/1 | 修订 | YD/T 5172—2009 |
| 12 | YD | 5173 | 2015 | 数字蜂窝移动通信网WCDMA 工程验收规范 | 有效 | 2015/7/1 | 修订 | YD/T 5173—2009 |
| 13 | YD | 5174 | 2015 | 数字蜂窝移动通信网TD-SCDMA 工程验收规范 | 有效 | 2015/7/1 | 修订 | YD/T 5174—2008 |

续表

| 序号 | 标准编号 | | | 标准名称 | 状态 | 实施时间 | 修订/制定 | 代替标准 |
|---|---|---|---|---|---|---|---|---|
| 14 | YD/T | 5202 | 2015 | 移动通信基站安全防护技术暂行规定 | 有效 | 2015/7/1 | 制定 | |
| 15 | YD/T | 5213 | 2015 | 数字蜂窝移动通信网TD-LTE无线网工程设计暂行规定 | 有效 | 2015/7/1 | 制定 | |
| 16 | YD | 5214 | 2015 | 无线局域网工程设计规范 | 有效 | 2015/7/1 | 制定 | |
| 17 | YD | 5215 | 2015 | 无线局域网工程验收规范 | 有效 | 2015/7/1 | 制定 | |
| 18 | YD/T | 5217 | 2015 | 数字蜂窝移动通信网TD-LTE无线网工程验收暂行规定 | 有效 | 2015/7/1 | 制定 | |
| 19 | YD | 5218 | 2015 | 宽带光纤接入工程施工监理暂行规定 | 有效 | 2015/7/1 | 制定 | |
| 20 | YD | 5219 | 2015 | 通信局(站)防雷与接地工程施工监理暂行规定 | 有效 | 2015/7/1 | 制定 | |

注：更多标准参考网址：http://www.ceccc.org.cn/index.aspx

# 附录 C　通信工程制图常用符号

### 附表 C-1　符号要素(新增)

| 序号 | 名称 | 图　例 | 说　明 | 序号 | 名称 | 图　例 | 说　明 |
|---|---|---|---|---|---|---|---|
| 1 | 基本轮廓线 | 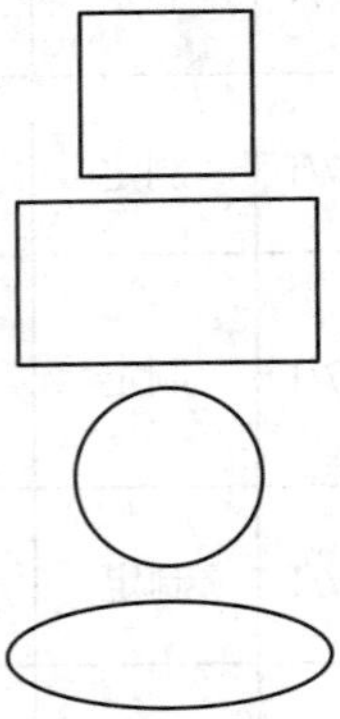  | 元件、装置、功能单元的基本轮廓线；增加了椭圆 | 3 | 边界线 | —·—·—·—·— | 功能单元的边界线 |
| | | | | 4 | 屏蔽线(护罩) |  | |
| 2 | 辅助轮廓线 |  | 元件、装置、功能单元的辅助轮廓线 | 5 | 注释线 |  | 三种注释线 |

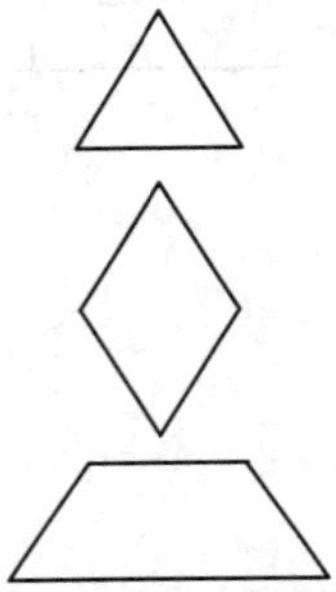

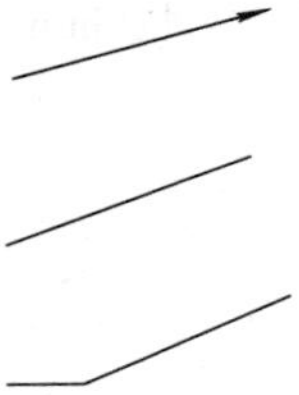

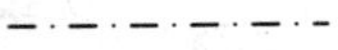

### 附表 C-2　限 定 符 号

| 序号 | 图　例 | 说　明 | 序号 | 图　例 | 说　明 |
|---|---|---|---|---|---|
| 1 |  | 非内在的可变性 | 6 |  | 不同时双向传播(不同时双向传输) |
| 2 |  | 能量、信号的单向传播(单向传输) | 7 |  | 内在的非线性可变性 |
| 3 |  | 非内在的非线性可变性 | 8 |  | 发送 |
| 4 |  | 同时双向传播(同时双向传输) | 9 |   | 预调、微调 |
| 5 |  | 内在的可变性 | 10 |   | 接收 |

## 附表 C-3　通信光缆

| 序号 | 图例 | 说明 | 序号 | 图例 | 说明 |
|---|---|---|---|---|---|
| 1 | | 光纤或光缆的一般符号 | 4 | | 光连接器(插头-插座) |
| 2 | | 可拆卸固定接头 | 5 | | 光缆直通接头 |
| 3 | a/b/c | 光缆参数标注：a 为光缆型号；b 为光缆芯数；c 为光缆长度 | 6 | | 光缆分支接头 |

## 附表 C-4　通信线路

| 序号 | 图例 | 说明 | 序号 | 图例 | 说明 |
|---|---|---|---|---|---|
| 1 | | 通信线路的一般符号 | 6 | W | 沿建筑物敷设通信线路 |
| 2 | | 线路中的充气或注油堵头 | 7 | | 架空线路 |
| 3 | L A B | 直埋线路 | 8 | | 电气排流电缆 |
| 4 | | 具有旁路充气或注油堵头的线路 | 9 | N 或 N | 指北针 |
| 5 | | 水下线路、海底线路 | 10 | | 接图线 |

## 附表 C-5 移 动 通 信

| 序号 | 图 例 | 说 明 | 序号 | 图 例 | 说 明 |
|------|-------|-------|------|-------|-------|
| 1 | 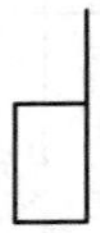 | 手机 | 7 | 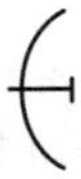 | 抛物面天线 |
| 2 | 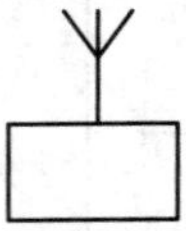 | 基站 | 8 | | 馈线 |
| 3 | | 全向天线 | 9 |  | 泄漏电缆 |
| 4 |  | 板状定向天线 | 10 |  | 二功分器 |
| 5 |  | 八木天线 | 11 | 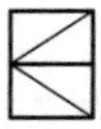 | 三功分器 |
| 6 | 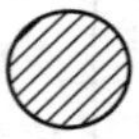 | 吸顶天线 | 12 |  GPS | GPS 天线 |

## 附表 C-6 通 信 管 道

| 序号 | 图 例 | 说 明 | 序号 | 图 例 | 说 明 |
|------|-------|-------|------|-------|-------|
| 1 | 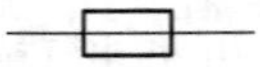 | 直通型人孔，人孔的一般符号 | 5 | 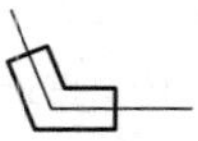 | 斜通型人孔 |
| 2 | 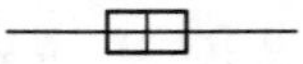 | 手孔的一般符号 | 6 | 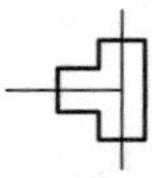 | 分歧人孔 |
| 3 | 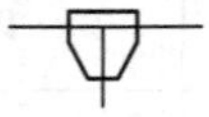 | 局前人孔 | 7 | 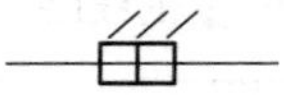 | 埋式手孔 |
| 4 | 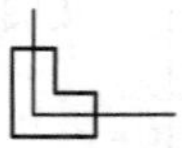 | 直角人孔 | 8 | 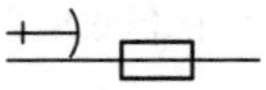 | 有防蠕动装置的人孔。图示为防左侧电缆或光缆蠕动 |

## 附表 C-7　机房建筑及设施

| 序号 | 图　例 | 说　明 | 序号 | 图　例 | 说　明 |
|---|---|---|---|---|---|
| 1 |  | 墙的一般表示方法 | 18 |  | 电梯 |
| 2 | 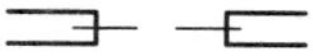 | 墙中双扇推拉门 | 19 | | 空门洞 |
| 3 |  | 可见检查孔 | 20 |  | 隔断，包括玻璃、金属、石膏板等。与墙的画法相同，厚度比墙窄 |
| 4 | 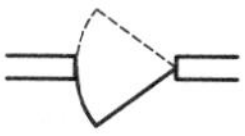 | 单扇双面弹簧门 | 21 |  | 单扇门，包括平开或单面弹簧。作图时，开度可为 45 度或 90 度 |
| 5 |  | 不可见检查孔 | 22 |  | 栏杆，与隔断的画法相同，宽度比隔断小，应有文字标注 |
| 6 |  | 双扇双面弹簧门 | 23 |  | 双扇门，包括平开或单面弹簧。作图时，开度可为 45 度或 90 度 |
| 7 |  | 方形孔洞：左为穿墙洞，右为地板洞 | 24 | 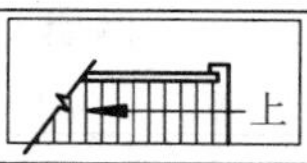 | 楼梯，应标明楼梯上(或下)的方向 |
| 8 | 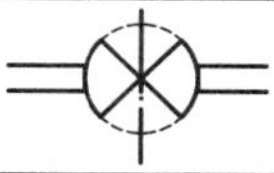 | 转门 | 25 |  | 对开折叠门 |
| 9 |  | 圆形孔洞 | 26 |  □ 或 ■ | 房柱，可依照实际尺寸及形状绘制，根据需要可选用空心或实心 |
| 10 |  | 单层固定窗 | 27 |  | 推拉门 |
| 11 | 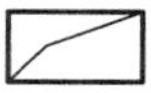 | 方形坑槽 | 28 |  | 折断线，不需画全的断开线 |
| 12 | 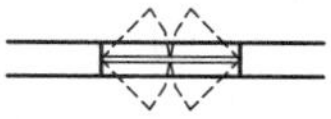 | 双层内外开平开窗 | 29 | | 墙外单扇推拉门 |
| 13 |  | 圆形坑槽 | 30 |  | 波浪线，不需画全的断开线 |
| 14 |  | 推拉窗 | 31 |  | 墙外双扇推拉门 |
| 15 |  | 墙预留洞。尺寸标注可采用(宽×高)或直径形式 | 32 | 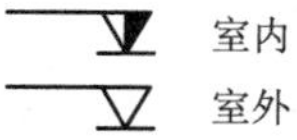 室内 室外 | 标高 |
| 16 | 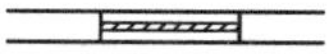 | 百叶窗 | 33 |  | 墙中单扇推拉门 |
| 17 | 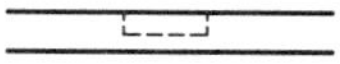 | 墙预留槽。尺寸标注可采用(宽×高×深)形式 | | | |

## 附表 C-8 地形图常用符号

| 序号 | 图 例 | 说 明 | 序号 | 图 例 | 说 明 |
|---|---|---|---|---|---|
| 1 | 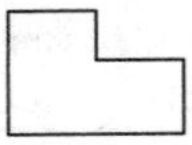 | 房屋 | 15 | 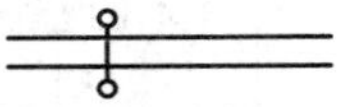 | 电车轨道 |
| 2 | 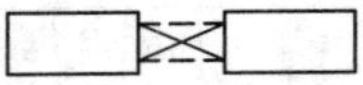 | 悬空通廊 | 16 | 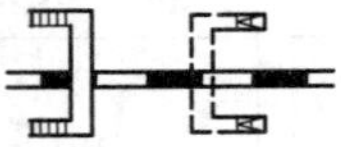 | 地道及天桥 |
| 3 | 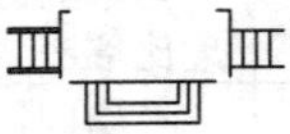 | 台阶 | 17 | 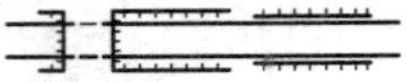 | 隧道、路堑与路堤 |
| 4 | | 围墙 | 18 |  | 铁路信号灯 |
| 5 | 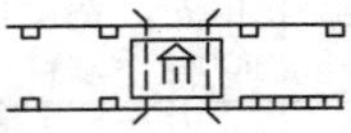 | 长城及砖石城堡(大比例) | 19 | 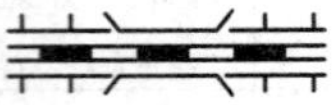 | 铁路桥 |
| 6 |  | 围墙大门 | 20 | 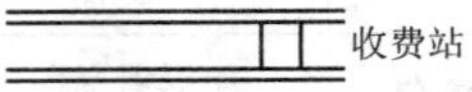 | 高速公路及收费站 |
| 7 | 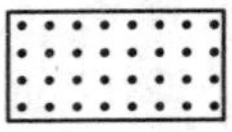 | 肥气池 | 21 |  | 架空输电线,可标注电压 |
| 8 |  | 体育场 | 22 |  | 电线塔 |
| 9 |  | 雷达站、卫星地面接收站 | 23 |  | 埋式输电线 |
| 10 | 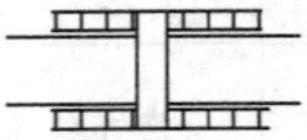 | 过街天桥 | 24 | 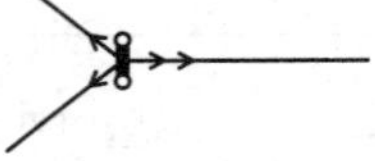 | 电线上的变压器 |
| 11 | | 一般铁路 | 25 |  | 电线架 |
| 12 | 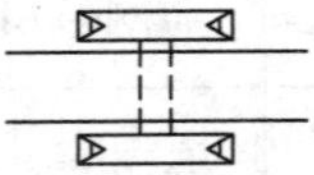 | 过街地道 | 26 | 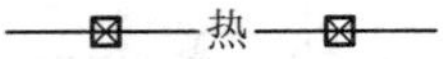 | 有墩架的架空管道,图示为热力管道 |
| 13 |  | 电气化铁路 | 27 |  | 常年河 |
| 14 |  | 地下建筑物的地表入口 | 28 |  | 常年湖 |

续表

| 序号 | 图　例 | 说　明 | 序号 | 图　例 | 说　明 |
|---|---|---|---|---|---|
| 29 |   | 时令河 | 44 | 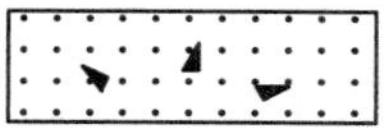  | 砂砾土、戈壁滩 |
| 30 |   | 时令湖 | 45 |   | 水生经济作物，图示为菱 |
| 31 |   | 消失河段 | 46 | 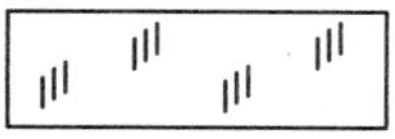  | 盐碱地 |
| 32 | 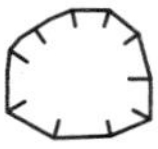  | 池塘 | 47 | 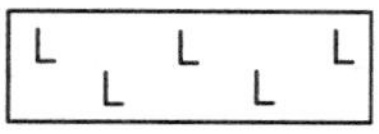  | 桑园 |
| 33 | 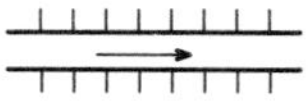  | 单层堤沟渠 | 48 | 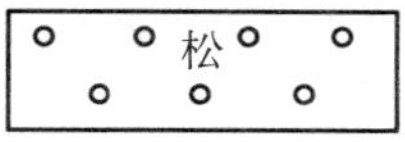  | 林地 |
| 34 | 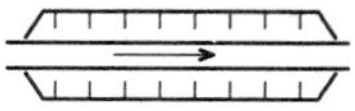  | 有沟堑的沟渠 | 49 | 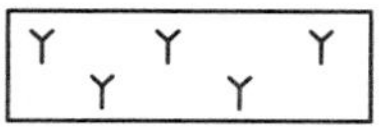  | 茶园 |
| 35 | 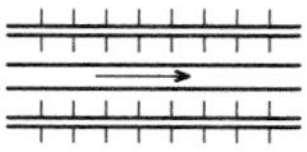  | 双层堤沟渠 | 50 | 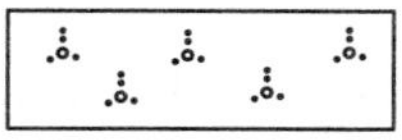  | 灌木林 |
| 36 |   | 省、自治区、直辖市界 | 51 | 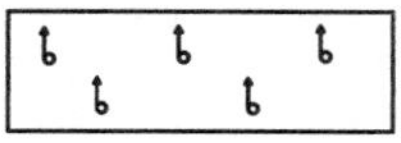  | 橡胶园 |
| 37 |   | 乡镇界 | 52 | 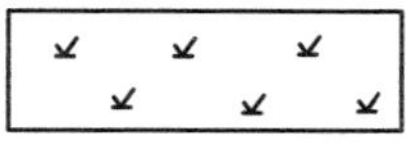  | 菜地 |
| 38 |   | 地区、自治州、盟、地级市界 | 53 | 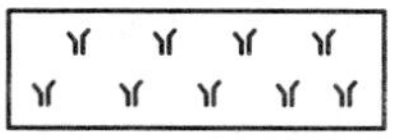  | 竹林 |
| 39 | 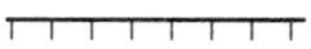  | 坎 | 54 | 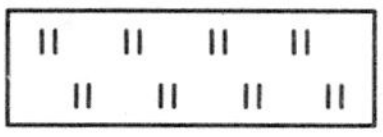  | 天然草地 |
| 40 |   | 县、自治县、旗、县级市界 | 55 | 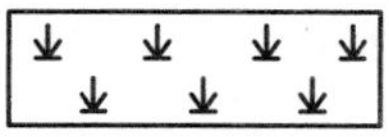  | 花圃 |
| 41 |  | 山洞、溶洞 | 56 | 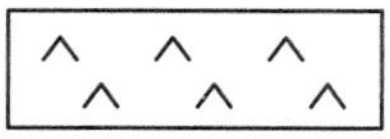  | 人工草地 |
| 42 | 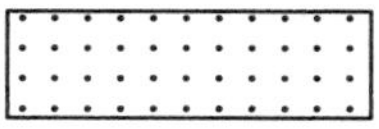  | 沙地 | 57 | 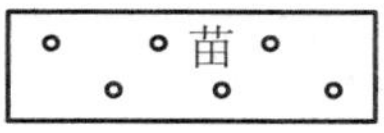  | 苗圃 |
| 43 | 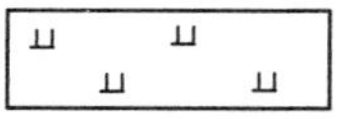  | 旱地 | 58 | 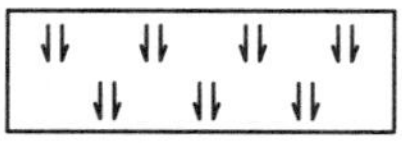  | 芦苇地 |

# 附录 D AutoCAD 常用命令和快捷键

## (一) 基本绘图命令

基本绘图命令见附表 D-1。

附表 D-1 基本绘图命令

| 快捷命令 | 对应命令 | 菜单操作 | 功 能 |
|---|---|---|---|
| L | LINE | 绘图>>直线 | 绘制直线 |
| XL | XLINE | 绘图>>构造线 | 绘制构造线 |
| PL | PLINE | 绘图>>多段线 | 绘制多段线 |
| POL | POLYGON | 绘图>>正多边形 | 绘制正三角形、正方形等正多边形 |
| REC | RECTANGLE | 绘图>>矩形 | 绘制日常所说的长方形 |
| A | ARC | 绘图>>圆弧 | 绘制圆弧,圆弧是圆的一部分 |
| C | CIRCLE | 绘图>>圆 | 绘制圆 |
| SPL | SPLINE | 绘图>>样条曲线 | 绘制样条曲线 |
| EL | ELLIPSE | 绘图>>椭圆 | 绘制椭圆或椭圆弧 |
| I | INSERT | 插入>>块 | 弹出"插入"对话框,插入块 |
| B | BLOCK | 绘图>>块>>创建 | 弹出"块定义"对话框,定义新的图块 |
| PO | POINT | 绘图>>点>>单点 | 创建多个点 |
| H | BHATCH | 绘图>>图案填充 | 创建填充图案 |
| GD | GRADIENT | 绘图>>渐变色 | 创建渐变色 |
| REG | REGION | 绘图>>面域 | 创建面域 |
| TB | TABLE | 绘图>>表格 | 创建表格 |
| MT | MTEXT | 绘图>>文字>>多行文字 | 创建多行文字 |
| DT | DTEXT | 绘图>>文字>>单行文字 | 创建单行文字 |
| ME | MEASURE | 绘图>>点>>定距等分 | 创建定距等分点 |
| DIV | DIVIDE | 绘图>>点>>定数等分 | 创建定数等分点 |

## (二) 编辑命令

编辑命令见附表 D-2。

### 附表 D-2　编辑命令

| 快捷命令 | 对应命令 | 菜单操作 | 功　能 |
|---|---|---|---|
| E | ERASE | 修改>>删除 | 将图形对象从绘图区删除 |
| CO/CP | COPY | 修改>>复制 | 可以从原对象以指定的角度和方向创建对象的副本 |
| MI | MIRROR | 修改>>镜像 | 创建相对于某一对称轴的对象副本 |
| O | OFFSET | 修改>>偏移 | 根据指定距离或通过点,创建一个与原有图形对象平行或具有同心结构的形体 |
| AR | ARRAY | 修改>>阵列 | 按矩形或者环形有规律地复制对象 |
| M | MOVE | 修改>>移动 | 将图形对象从一个位置按照一定的角度和距离移动到另外一个位置 |
| RO | ROTATE | 修改>>旋转 | 绕指定基点旋转图形中的对象 |
| SC | SCALE | 修改>>缩放 | 通过一定的方式在 X、Y 和 Z 方向按比例放大或缩小对象 |
| S | STRETCH | 修改>>拉伸 | 以交叉窗口或交叉多边形来选择拉伸对象,选择窗口外的部分不会有任何改变,选择窗口内的部分则会随选择窗口的移动而移动,但也不会有形状的改变,只有与选择窗口相交的部分会被拉伸 |
| TR | TRIM | 修改>>修剪 | 将选定对象的指定边界一侧的部分剪切掉 |
| EX | EXTEND | 修改>>延伸 | 将选定对象延伸至指定的边界上 |
| BR | BREAK | 修改>>打断 | 通过打断点将所选的对象分成两部分,或删除对象上的某一部分 |
| J | JOIN | 修改>>合并 | 将几个对象合并为一个完整的对象,或者使一个开放的对象闭合 |
| CHA | CHAMFER | 修改>>倒角 | 使用成角的直线连接两个对象 |
| F | FILLET | 修改>>圆角 | 使用与对象相切并且具有指定半径的圆弧连接两个对象 |
| X | EXPLODE | 修改>>分解 | 将合成对象分解为多个单一的组成对象 |
| PE | PEDIT | 修改>>对象>>多段线 | 对多段线进行编辑或者将其他图线转换成多段线 |
| SU | SUBTRACT | 修改>>实体编辑>>差集 | 差集 |
| UNI | UNION | 修改>>实体编辑>>并集 | 并集 |
| IN | INTERSECT | 修改>>实体编辑>>交集 | 交集 |

### (三) 尺寸标注命令

尺寸标注命令见附表 D-3。

附表 D-3  尺寸标注命令

| 快捷命令 | 对应命令 | 菜单操作 | 功能 |
|---|---|---|---|
| D | DIMSTYLE | 格式>>标注样式 | 创建和修改尺寸标注样式 |
| DLI | DIMLINEAR | 标注>>线性 | 创建线性尺寸标注 |
| DAL | DIMALIGNED | 标注>>对齐 | 创建对齐尺寸标注 |
| DAR | DIMARC | 标注>>弧长 | 创建弧长标注 |
| DOR | DIMORDINATE | 标注>>坐标 | 创建坐标标注 |
| DRA | DIMRADIUS | 标注>>半径 | 创建半径标注 |
| DDI | DIMDIAMETER | 标注>>直径 | 创建直径标注 |
| DJO | DIMJOGGED | 标注>>折弯 | 创建折弯半径标注 |
| DJL | DIMJOGLINE | 标注>>折弯线性 | 创建折弯线性标注 |
| DAN | DIMANGULAR | 标注>>角度 | 创建角度标注 |
| DBA | DIMBASELINE | 标注>>基线 | 创建基线标注 |
| DCO | DIMCONTINUE | 标注>>连续 | 创建连续标注 |
| DCE | DIMCENTER | 标注>>圆心标记 | 创建圆心标记 |
|  | DIMBREAK | 标注>>打断标注 | 对标注进行打断操作 |
|  | DIMSPACE | 标注>>标注间距 | 对标注间间距进行调整 |
| TOL | TOLERANCE | 标注>>公差 | 创建形位公差 |
| LE | QLEADER |  | 创建引线或者引线标注 |
| DED | DIMEDIT |  | 对延伸线和标注文字进行编辑 |
|  | DIMTEDIT | 标注>>对齐文字>>角度 | 移动和旋转标注文字 |
| MLS | MLEADERSTYLE | 格式>>多重引线样式 | 创建和修改多重引线样式 |
| MLD | MLEADER | 标注>>多重引线 | 创建多重引线 |
| MLC | MLEADERCOLLECT | 修改>>对象>>多重引线>>合并 | 合并多重引线 |
| MLA | MLEADERALIGN | 修改>>对象>>多重引线>>对齐 | 对齐多重引线 |

## (四) 文字相关命令

文字相关命令见附表 D-4。

### 附表 D-4　文字相关命令

| 快捷命令 | 对应命令 | 菜单操作 | 功　能 |
|---|---|---|---|
| ST | STYLE | 格式>>文字样式 | 创建文字样式 |
| DT | DTEXT | 绘图>>文字>>单行文字 | 创建单行文字 |
| MT | MTEXT | 绘图>>文字>>多行文字 | 创建多行文字 |
| ED | DDEDIT | 修改>>对象>>文字>>编辑 | 编辑文字 |
| SP | SPELL | 工具>>拼写检查 | 拼写检查 |
| TS | TABLESTYLE | 格式>>表格样式 | 创建表格样式 |
| TB | TABLE | 绘图>>表格 | 创建表格 |

## (五) 其他命令

其他命令见附表 D-5。

### 附表 D-5　其 他 命 令

| 快捷命令 | 对应命令 | 菜单操作 | 功　能 |
|---|---|---|---|
| H | BHATCH | 绘图>>图案填充 | 创建图案填充 |
| GD | GRADIENT | 绘图>>渐变色 | 创建渐变色 |
| HE | HATCHEDIT | 修改>>对象>>图案填充 | 编辑图案填充 |
| BO | BOUNDARY | 绘图>>边界 | 创建边界 |
| REG | REGION | 绘图>>面域 | 创建面域 |
| B | BLOCK | 绘图>>块>>创建 | 创建块 |
| W | WBLOCK | — | 创建外部块 |
| ATT | ATTDEF | 绘图>>块>>定义属性 | 定义属性 |
| I | INSERT | 插入>>块 | 插入块文件 |
| BE | BEDIT | 工具>>块编辑器 | 在块编辑器中打开块定义 |
| Z | ZOOM | 视图>>缩放 | 缩放视图 |
| P | PAN | 视图>>平移>>实时 | 平移视图 |
| RA | REDRAWALL | 视图>>重画 | 刷新所有视口的显示 |
| RE | REGEN | 视图>>重生成 | 从当前视口重生成整个图形 |
| REA | REGENALL | 视图>>全部重生成 | 重生成图形并刷新所有视口 |
| UN | UNITS | 格式>>单位 | 设置绘图单位 |
| OP | OPTIONS | 工具>>选项 | 打开"选项"对话框 |
| DS | DSETTINGS | 工具>>草图设置 | 打开"草图设置"对话框 |

## （六）特性命令

特性命令见附表 D-6。

### 附表 D-6  特 性 命 令

| 快捷命令 | 对应命令 | 菜单操作 | 功　能 |
|---|---|---|---|
| LA | LAYER | 格式>>图层 | 打开"图层特性管理器"，创建和管理图层 |
| COL | COLOR | 格式>>颜色 | 设置新对象颜色 |
| LT | LINETYPE | 格式>>线型 | 设置新对象线型 |
| LW | LWEIGHT | 格式>>线宽 | 设置新对象线宽 |
| LTS | LTSCALE | — | 设置线型比例因子 |
| REN | RENAME | 格式>>重命名 | 更改指定项目的名称 |
| MA | MATCHPROP | 修改>>特性匹配 | 将选定对象的特性应用于其他对象 |
| ADC/DC | ADCENTER | 工具>>选项板>>设计中心 | 打开设计中心 |
| MO | PROPERTIES | 工具>>选项板>>特性 | 打开特性选项板 |
| OS | OSNAP | — | 设置对象捕捉模式 |
| SN | SNAP | — | 设置捕捉 |
| DS | DSETTINGS | — | 设置极轴追踪 |
| EXP | EXPORT | 文件>>输出 | 输出数据，以其他文件格式保存图形中的对象 |
| IMP | IMPORT | 文件>>输入 | 将不同格式的文件输入当前图形中 |
| PRINT | PLOT | 文件>>打印 | 创建打印 |
| PU | PURGE | 文件>>图形实用工具>>清理 | 删除图形中未使用的项目 |
| PRE | PREVIEW | 文件>>打印预览 | 创建打印预览 |
| TO | TOOLBAR | — | 显示、隐藏和自定义工具栏 |
| V | VIEW | 视图>>命名视图 | 命名视图 |
| TP | TOOLPALETTES | 工具>>选项板>>工具选项板 | 打开工具选项板窗口 |
| MEA | MEASUREGEOM | 工具>>查询>>距离 | 测量距离、半径、角度、面积、体积等 |
| PTW | PUBLISHTOWEB | 文件>>网上发布 | 创建网上发布 |
| AA | AREA | 工具>>查询>>面积 | 测量面积 |
| DI | DIST | — | 测量两点之间的距离和角度 |
| LI | LIST | 工具>>查询>>列表 | 创建查询列表 |

## （七）视窗缩放

视窗缩放见附表 D-7。

附表 D-7　视　窗　缩　放

| P | PAN 平移 |
|---|---|
| Z＋空格＋空格 | 实时缩放 |
| Z | 局部放大 |
| Z＋P | 返回上一视图 |
| Z＋E | 显示全图 |

## (八) 常用 Ctrl 快捷键

常用 Ctrl 快捷键见附表 D-8。

附表 D-8　常用 Ctrl 快捷键

| 【Ctrl】＋1 | PROPERTIES 修改特性 |
|---|---|
| 【Ctrl】＋2 | ADCENTER 打开设计中心 |
| 【Ctrl】＋3 | TOOLPALETTES 打开工具选项板 |
| 【Ctrl】＋9 | COMMANDLINEHIDE 控制命令行开关 |
| 【Ctrl】＋O | OPEN 打开文件 |
| 【Ctrl】＋N、M | NEW 新建文件 |
| 【Ctrl】＋P | PRINT 打印文件 |
| 【Ctrl】＋S | SAVE 保存文件 |
| 【Ctrl】＋Z | UNDO 放弃 |
| 【Ctrl】＋A | 全部旋转 |
| 【Ctrl】＋X | CUTCLIP 剪切 |
| 【Ctrl】＋C | COPYCLIP 复制 |
| 【Ctrl】＋V | PASTECLIP 粘贴 |
| 【Ctrl】＋B | SNAP 栅格捕捉 |
| 【Ctrl】＋F | OSNAP 对象捕捉 |
| 【Ctrl】＋G | GRID 栅格 |
| 【Ctrl】＋L | ORTHO 正交 |
| 【Ctrl】＋W | 对象追踪 |
| 【Ctrl】＋U | 极轴 |

## (九) 常用功能键

常用功能键见附表 D-9。

附表 D-9　常用功能键

| 【F1】 | 获取 AutoCAD 帮助 |
|---|---|
| 【F2】 | 打开/关闭 "文本窗口" |
| 【F3】 | 打开/关闭 "对象捕捉" |
| 【F4】 | 打开/关闭 "数字化仪" |
| 【F5】 | 切换轴侧视图方向 |
| 【F6】 | 打开/关闭 "坐标" |
| 【F7】 | 打开/关闭 "栅格" |
| 【F8】 | 打开/关闭 "正交" |
| 【F9】 | 打开/关闭 "极轴" |
| 【F10】 | 打开/关闭 "对象捕捉追踪" |

# 附录 E　AutoCAD 系统变量表

| 变 量 名 | 说　　明 |
|---|---|
| ACADLSPASDOC | 0 仅将 acad.lsp 加载到 AutoCAD 任务打开的第一个图形中；1 将 acad.lsp 加载到每一个打开的图形中 |
| ACADPREFIX | 存储由 ACAD 环境变量指定的目录路径(如果有的话)，如果需要则附加路径分隔符 |
| ACADVER | 存储 AutoCAD 的版本号。这个变量与 DXF 文件标题变量$ACADVER 不同，"$ACADVER"包含图形数据库的级别号 |
| ACISOUTVER | 控制 ACISOUT 命令创建的 SAT 文件的 ACIS 版本。ACISOUT 支持值 15～18，以及 20、21、30、40、50、60 和 70 |
| AFLAGS | 设置 ATTDEF 位码的属性标志：0 为无选定的属性模式；1 为不可见；2 为固定；4 为验证；8 为预置 |
| ANGBASE | 类型：实数；图形初始值：0.0000，相对于当前 UCS 将基准角设置为 0 度 |
| ANGDIR | 设置正角度的方向初始值：0；从相对于当前 UCS 方向的 0 角度测量角度值。0 为逆时针，1 为顺时针 |
| APBOX | 打开或关闭 AutoSnap 靶框。当捕捉对象时，靶框显示在十字光标的中心。0 为不显示靶框，1 为显示靶框 |
| APERTURE | 以像素为单位设置靶框显示尺寸；靶框是绘图命令中使用的选择工具；初始值：10 |
| AREAAREA | 既是命令又是系统变量。存储由 AREA 计算的最后一个面积值 |
| ATTDIA | 控制 INSERT 命令是否使用对话框，用于属性值的输入。0 为给出命令行提示，1 为使用对话框 |
| ATTMODE | 控制属性的显示。0 为关，使所有属性不可见；1 为普通，保持每个属性当前的可见性；2 为开，使全部属性可见 |
| ATTREQ | 确定 INSERT 命令在插入块时默认属性设置。0 表示所有属性均采用各自的默认值；1 表示使用对话框获取属性值 |
| AUDITCTL | 控制 AUDIT 命令是否创建核查报告(ADT)文件；0 表示禁止写 ADT 文件，1 表示写 ADT 文件 |
| AUNITS | 设置角度单位。0 为十进制数；1 为度/分/秒；2 为百分度；3 为弧度；4 为勘测单位 |
| AUPREC | 设置所有只读角度单位(显示在状态行上)和可编辑角度单位(其精度小于或等于当前 AUPREC 的值)的小数位数 |

续表一

| 变 量 名 | 说　明 |
|---|---|
| AUTOSNAP | 0 表示关(自动捕捉)；1 表示开；2 表示开提示；4 表示开磁吸；8 表示开极轴追踪；16 表示开捕捉追踪；32 表示开极轴追踪和捕捉追踪提示 |
| BACKZ | 以绘图单位存储当前视口后向剪裁平面到目标平面的偏移值。VIEWMODE 系统变量中的后向剪裁位打开时才有效 |
| BINDTYPE | 控制绑定或在位编辑外部参照时外部参照名称的处理方式；0 表示传统的绑定方式，1 表示类似"插入"方式 |
| BLIPMODE | 控制点标记是否可见。BLIPMODE 既是命令又是系统变量。使用 SETVAR 命令访问此变量，0 表示关闭，1 表示打开 |
| CDATE | 设置日历的日期和时间，不被保存 |
| CECOLOR | 设置新对象的颜色。有效值包括 BYLAYER、BYBLOCK 以及从 1 到 255 的整数 |
| CELTSCALE | 设置当前对象的线型比例因子 |
| CELTYPE | 设置新对象的线型。初始值："BYLAYER" |
| CELWEIGHT | 设置新对象的线宽；1 为"BYLAYER"，2 为"BYBLOCK"，3 为"DEFAULT" |
| CHAMFERA | 设置第一个倒角距离。初始值：0.0000 |
| CHAMFERB | 设置第二个倒角距离。初始值：0.0000 |
| CHAMFERC | 设置倒角长度。初始值：0.0000 |
| CHAMFERD | 设置倒角角度。初始值：0.0000 |
| CHAMMODE | 设置 AutoCAD 创建倒角的输入方法；0 表示需要两个倒角距离，1 表示需要一个倒角距离和一个角度 |
| CIRCLERAD | 设置默认的圆半径；0 表示无默认半径。初始值：0.0000 |
| CLAYER | 设置当前图层。初始值：0 |
| CMDACTIVE | 存储位码值，此位码值指示激活的是普通命令、透明命令、脚本还是对话框 |
| CMDDIA | 输入方式的切换；0 表示命令行输入，1 表示对话框输入 |
| CMDECHO | 控制 AutoLISP 的 command 函数运行时，AutoCAD 是否回显提示和输入；0 表示关闭回显，1 表示打开回显 |
| CMDNAMES | 显示当前活动命令和透明命令的名称。例如，LINE'ZOOM 指示 ZOOM 命令在 LINE 命令执行期间被透明使用 |
| CMLJUST | 指定多线对正方式；0 表示上，1 表示中间，2 表示下。初始值：0 |
| CMLSCALE | 初始值 1.0000(英制)或 20.0000(公制)，控制多线的全局宽度 |
| CMLSTYLE | 设置 AutoCAD 绘制多线的样式。初始值："STANDARD" |
| COMPASS | 控制当前视口中三维指南针的开关状态；0 表示关闭三维指南针，1 表示打开三维指南针 |

续表二

| 变 量 名 | 说 明 |
|---|---|
| COORDS | 0表示用定点设备指定点时更新坐标显示；1表示不断地更新绝对坐标的显示 |
| CPLOTSTYLE | 控制新对象的当前打印样式 |
| CPROFILE | 显示当前配置的名称 |
| CTAB | 返回图形中当前（模型或布局）选项卡的名称。通过本系统变量，用户可以确定当前的活动选项卡 |
| CURSORSIZE | 按屏幕大小的百分比确定十字光标的大小。初始值：5 |
| CVPORT | 设置当前视口的标识码 |
| DATE | 存储当前日期和时间 |
| DBMOD | 用位码指示图形的修改状态；1表示对象数据库被修改，4表示数据库变量被修改，8表示窗口被修改，16表示视图被修改 |
| DCTCUST | 显示当前自定义拼写词典的路径和文件名 |
| DCTMAIN | 显示当前的主拼写词典的文件名 |
| DEFLPLSTYLE | 指定图层0的默认打印样式 |
| DEFPLSTYLE | 为新对象指定默认打印样式 |
| DELOBJ | 控制创建其他对象的对象从图形数据库中删除还是保留在图形数据库中；0表示保留对象，1表示删除对象 |
| DEMANDLOAD | 当图形包含由第三方应用程序创建的自定义对象时，指定 AutoCAD 是否以及何时按需加载此应用程序 |
| DIASTAT | 存储最近一次使用的对话框的退出方式；0表示取消，1表示确定 |
| DIMADEC | 1 表示使用 DIMDEC 设置的小数位数绘制角度标注；0～8 使用 DIMADEC 设置的小数位数绘制角度标注 |
| DIMALT | 控制标注中换算单位的显示；关表示禁用换算单位，开表示启用换算单位 |
| DIMALTD | 控制换算单位中小数位的位数 |
| DIMALTF | 控制换算单位乘数 |
| DIMALTRND | 舍入换算标注单位 |
| DIMALTTD | 设置标注换算单位公差值小数位的位数 |
| DIMALTTZ | 控制是否对公差值作消零处理 |
| DIMALTU | 为所有标注样式族（角度标注除外）换算单位设置单位格式 |
| DIMALTZ | 控制是否对换算单位标注值作消零处理。DIMALTZ 值为 0～3 时，只影响英尺或英寸标注 |
| DIMAPOST | 为所有标注类型（角度标注除外）的换算标注测量值指定文字前缀或后缀（或两者都指定） |

续表三

| 变　量　名 | 说　　明 |
|---|---|
| DIMASO | 控制标注对象的关联性 |
| DIMASSOC | 控制标注对象的关联性 |
| DIMASZ | 控制尺寸线、引线箭头的大小，并控制勾线的大小 |
| DIMATFIT | 当尺寸界线的空间不足以同时放下标注文字和箭头时，本系统变量将确定这两者的排列方式 |
| DIMAUNIT | 设置角度标注的单位格式；0 表示十进制度数，1 表示度/分/秒，2 表示百分度，3 表示弧度 |
| DIMAZIN | 对角度标注作消零处理 |
| DIMBLK | 设置尺寸线或引线末端显示的箭头块 |
| DIMBLK1 | 当 DIMSAH 系统变量打开时，设置尺寸线第一个端点的箭头 |
| DIMBLK2 | 当 DIMSAH 系统变量打开时，设置尺寸线第二个端点的箭头 |
| DIMCEN | 控制由 DIMCENTER、DIMDIAMETER 和 DIMRADIUS 命令绘制的圆或圆弧的圆心标记和中心线图形 |
| DIMCLRD | 为尺寸线、箭头和标注引线指定颜色，同时控制由 LEADER 命令创建的引线颜色 |
| DIMCLRE | 为尺寸界线指定颜色 |
| DIMCLRT | 为标注文字指定颜色 |
| DIMDEC | 设置标注主单位显示的小数位位数，精度基于选定的单位或角度格式 |
| DIMDLE | 当使用小斜线代替箭头进行标注时，设置尺寸线超出尺寸界线的距离 |
| DIMDLI | 控制基线标注中尺寸线的间距 |
| DIMDSEP | 指定一个单字符作为创建十进制标注时使用的小数分隔符 |
| DIMEXE | 指定尺寸界线偏移原点的距离 |
| DIMFIT | 旧式，除用于保留脚本的完整性外没有任何影响。DIMFIT 已被 DIMATFIT 系统变量和 DIMTMOVE 系统变量代替 |
| DIMFRAC | 在 DIMLUNIT 系统变量设置为 4(建筑)或 5(分数)时，设置分数格式为：0 表示水平，1 表示斜，2 表示不堆叠 |
| DIMGAP | 当尺寸线分成段以在两段之间放置标注文字时，设置标注文字周围的距离 |
| DIMJUST | 控制标注文字的水平位置 |
| DIMLDRBLK | 指定引线箭头的类型。要返回默认值（实心闭合箭头显示），请输入单个句点(.) |
| DIMLFAC | 设置线性标注测量值的比例因子 |
| DIMLIM | 将极限尺寸生成为默认文字 |

| 变 量 名 | 说 明 |
|---|---|
| DIMLUNIT | 为所有标注类型(除角度标注外)设置单位制 |
| DIMLWD | 指定尺寸线的线宽，其值是标准线宽 |
| DIMLWE | 指定尺寸界线的线宽，其值是标准线宽 |
| DIMPOST | 指定标注测量值的文字前缀或后缀（或者两者都指定） |
| DIMRND | 将所有标注距离舍入到指定值 |
| DIMSAH | 控制尺寸线箭头块的显示 |
| DIMSCALE | 为标注变量(指定尺寸、距离或偏移量)设置全局比例因子，同时它还影响 LEADER 命令创建的引线对象的比例 |
| DIMSD1 | 控制是否禁止显示第一条尺寸线 |
| DIMSD2 | 控制是否禁止显示第二条尺寸线 |
| DIMSE1 | 控制是否禁止显示第一条尺寸界线；关表示不禁止显示尺寸界线，开表示禁止显示尺寸界线 |
| DIMSE2 | 控制是否禁止显示第二条尺寸界线；关表示不禁止显示尺寸界线，开表示禁止显示尺寸界线 |
| DIMSHO | 旧式，除用于保留脚本的完整性外没有任何影响 |
| DIMSOXD | 控制是否允许尺寸线绘制到尺寸界线之外；关表示不消除尺寸线，开表示消除尺寸线 |
| DIMSTYLE | 既是命令又是系统变量。作为系统变量，DIMSTYLE 将显示当前标注样式 |
| DIMTAD | 控制文字相对尺寸线的垂直位置 |
| DIMTDEC | 为标注主单位的公差值设置显示的小数位位数 |
| DIMTFAC | 按照 DIMTXT 系统变量的设置，相对于标注文字高度给分数值和公差值的文字高度指定比例因子 |
| DIMTIH | 控制所有标注类型（坐标标注除外）的标注文字在尺寸界线内的位置 |
| DIMTIX | 在尺寸界线之间绘制文字 |
| DIMTM | 在 DIMTOL 系统变量或 DIMLIM 系统变量为开的情况下，为标注文字设置最小（下）偏差 |
| DIMTMOVE | 设置标注文字的移动规则 |
| DIMTOFL | 控制是否将尺寸线绘制在尺寸界线之间(即使文字放置在尺寸界线之外) |
| DIMTOH | 控制标注文字在尺寸界线外的位置；0 或关表示将文字与尺寸线对齐，1 或开表示水平绘制文字 |

续表五

| 变　量　名 | 说　　明 |
|---|---|
| DIMTOL | 将公差附在标注文字之后。将 DIMTOL 设置为"开"，将关闭 DIMLIM 系统变量 |
| DIMTOLJ | 设置公差值相对名词性标注文字的垂直对正方式；0 表示下，1 表示中间，2 表示上 |
| DIMTP | 在 DIMTOL 或 DIMLIM 系统变量设置为开的情况下，为标注文字设置最大(上)偏差，DIMTP 接受带符号的值 |
| DIMTSZ | 指定线性标注、半径标注以及直径标注中替代箭头的小斜线尺寸 |
| DIMTVP | 控制尺寸线上方或下方标注文字的垂直位置。当 DIMTAD 设置为关时，AutoCAD 将使用 DIMTVP 的值 |
| DIMTXSTY | 指定标注的文字样式 |
| DIMTXT | 指定标注文字的高度，除非当前文字样式具有固定的高度 |
| DIMTZIN | 控制是否对公差值作消零处理 |
| DIMUNIT | 旧式，除用于保留脚本的完整性外没有任何影响。DIMUNIT 已被 DIMLUNIT 和 DIMFRAC 系统变量代替 |
| DIMUPT | 控制用户定位文字的选项；0 或关表示仅控制尺寸线的位置，1 或开表示控制文字以及尺寸线的位置 |
| DIMZIN | 控制是否对主单位值作消零处理 |
| DISPSILH | 控制"线框"模式下实体对象轮廓曲线的显示，并控制在实体对象被消隐时是否绘制网格；0 表示关，1 表示开 |
| DISTANCE | 存储 DIST 命令计算的距离 |
| DONUTID | 设置圆环的默认内直径 |
| DONUTOD | 设置圆环的默认外直径，此值不能为零 |
| DRAGMODE | 控制拖动对象的显示 |
| DRAGP1 | 设置重生成拖动模式下的输入采样率 |
| DRAGP2 | 设置快速拖动模式下的输入采样率 |
| DWGCHECK | 在打开图形时检查图形中的潜在问题 |
| DWGCODEPAGE | 存储与 SYSCODEPAGE 系统变量相同的值(出于兼容性的原因) |
| DWGNAME | 存储用户输入的图形名 |
| DWGPREFIX | 存储图形文件的驱动器/目录前缀 |
| DWGTITLED | 指出当前图形是否已命名；0 表示图形未命名，1 表示图形已命名 |
| EDGEMODE | 控制 TRIM 和 EXTEND 命令确定边界的边和剪切边的方式 |
| ELEVATION | 存储当前空间当前视口中相对当前 UCS 的当前标高值 |
| EXPERT | 控制是否显示某些特定提示 |

| 变 量 名 | 说　　明 |
|---|---|
| EXPLMODE | 控制 EXPLODE 命令是否支持比例不一致(NUS)的块 |
| EXTMAX | 存储图形范围右上角点的值 |
| EXTMIN | 存储图形范围左下角点的值 |
| EXTNAMES | 为存储于定义表中的命名对象名称(例如线型和图层)设置参数 |
| FACETRATIO | 控制圆柱或圆锥 ShapeManager 实体镶嵌面的宽高比。设置为 1 将增加网格密度，以改善渲染模型和着色模型的质量 |
| FACETRES | 调整着色对象和渲染对象的平滑度，对象的隐藏线被删除。有效值为 0.01 到 10.0 |
| FILEDIA | 控制与读写文件命令一起使用的对话框的显示 |
| FILLETRAD | 存储当前的圆角半径 |
| FILLMODE | 指定图案填充（包括实体填充和渐变填充）、二维实体和宽多段线是否被填充 |
| FONTALT | 在找不到指定的字体文件时指定替换字体 |
| FONTMAP | 指定要用到的字体映射文件 |
| FRONTZ | 按图形单位存储当前视口中前向剪裁平面到目标平面的偏移量 |
| FULLOPEN | 指示当前图形是否被局部打开 |
| GFANG | 指定渐变填充的角度，有效值为 0 到 360 度 |
| GFCLR1 | 为单色渐变填充或双色渐变填充的第一种颜色指定颜色，有效值为"RGB 000,000,000" 到 "RGB 255,255,255" |
| GFCLR2 | 为双色渐变填充的第二种颜色指定颜色，有效值为"RGB 000,000,000"到 "RGB 255,255,255" |
| GFCLRLUM | 在单色渐变填充中使颜色变淡(与白色混合)或变深(与黑色混合)，有效值为 0.0(最暗)到 1.0(最亮) |
| GFCLRSTATE | 指定是否在渐变填充中使用单色或者双色。0 表示双色渐变填充，1 表示单色渐变填充 |
| GFNAME | 指定一个渐变填充图案，有效值为 1 到 9 |
| GFSHIFT | 指定在渐变填充中的图案是居中还是向左变换移位；0 表示居中，1 表示向左上方移动 |
| GRIDMODE | 指定打开或关闭栅格，0 表示关闭栅格，1 表示打开栅格 |
| GRIDUNIT | 指定当前视口的栅格间距(X 和 Y 方向) |
| GRIPBLOCK | 控制块中夹点的指定；0 表示只为块的插入点指定夹点，1 表示为块中的对象指定夹点 |
| GRIPCOLOR | 控制未选定夹点的颜色，有效取值范围为 1 到 255 |
| GRIPHOT | 控制选定夹点的颜色，有效取值范围为 1 到 255 |

| 变　量　名 | 说　明 |
|---|---|
| GRIPHOVER | 控制当光标停在夹点上时，其夹点的填充颜色，有效取值范围为 1 到 255 |
| GRIPOBJLIMIT | 抑制当初始选择集包含的对象超过特定的数量时夹点的显示 |
| GRIPS | 控制"拉伸"、"移动"、"旋转"、"缩放"和"镜像夹点"模式中选择集夹点的使用 |
| GRIPSIZE | 以像素为单位设置夹点方框的大小，有效取值范围为 1 到 255 |
| GRIPTIPS | 控制当光标在支持夹点提示的自定义对象上面悬停时，其夹点提示的显示 |
| HALOGAP | 指定当一个对象被另一个对象遮挡时显示一个间隙 |
| HANDLES | 报告应用程序是否可以访问对象句柄。因为句柄不能再被关闭，所以只用于保留脚本的完整性，没有其他影响 |
| HIDEPRECISION | 控制消隐和着色的精度 |
| HIDETEXT | 指定在执行 HIDE 命令的过程中是否处理由 TEXT、DTEXT 或 MTEXT 命令创建的文字对象 |
| HIGHLIGHT | 控制对象的亮显，但它并不影响使用夹点选定的对象 |
| HPANG | 指定填充图案的角度 |
| HPASSOC | 控制图案填充和渐变填充是否关联 |
| HPBOUND | 控制 BHATCH 和 BOUNDARY 命令创建的对象类型 |
| HPDOUBLE | 指定用户定义图案的双向填充图案 |
| HPNAME | 设置默认填充图案，其名称最多可包含 34 个字符，其中不能有空格 |
| HPSCALE | 指定填充图案的比例因子，其值不能为零 |
| HPSPACE | 为用户定义的简单图案指定填充图案的线间隔，其值不能为零 |
| HYPERLINKBASE | 指定图形中用于所有相对超链接的路径。如果未指定值，图形路径将用于所有相对超链接 |
| IMAGEHLT | 控制亮显整个光栅图像还是光栅图像边框 |
| INDEXCTL | 控制是否创建图层和空间索引并保存到图形文件中 |
| INETLOCATION | 存储 BROWSER 命令和"浏览 Web"对话框使用的 Internet 网址 |
| INSBASE | 存储 BASE 命令设置的插入基点，以当前空间的 UCS 坐标表示 |
| INSNAME | 为 INSERT 命令设置默认块名，此名称必须符合符号命名惯例 |
| INSUNITS | 为从设计中心拖动并插入到图形中的块或图像的自动缩放指定图形单位值 |
| INSUNITSDEFSOURCE | 设置源内容的单位值，有效范围是从 0 到 20 |
| INSUNITSDEFTARGET | 设置目标图形的单位值，有效范围是从 0 到 20 |

| 变　量　名 | 说　　明 |
|---|---|
| INTERSECTIONCOLOR | 指定相交多段线的颜色 |
| INTERSECTIONDISPLA | 指定相交多段线的显示 |
| ISAVEBAK | 提高增量保存速度，特别是对于大的图形；ISAVEBAK 控制备份文件(BAK)的创建 |
| ISAVEPERCENT | 确定图形文件中所能允许的耗损空间的总量 |
| ISOLINES | 指定对象上每个面轮廓线的数目，有效整数值为 0 到 2047 |
| LASTANGLE | 存储相对当前空间当前 UCS 的 XOY 平面输入的上一圆弧端点角度 |
| LASTPOINT | 存储上一次输入的点，用当前空间的 UCS 坐标值表示；如果通过键盘来输入，则应添加@符号 |
| LASTPROMPT | 存储回显在命令行上的一个字符串 |
| LAYOUTREGENCTL | 指定"模型"选项卡和布局选项卡上的显示列表如何更新 |
| LENSLENGTH | 存储当前视口透视图中的镜头焦距长度（单位为毫米） |
| LIMCHECK | 控制在图形界限之外是否可以创建对象 |
| LIMMAX | 存储当前空间的右上方图形界限，用世界坐标系坐标表示 |
| LIMMIN | 存储当前空间的左下方图形界限，用世界坐标系坐标表示 |
| LISPINIT | 指定打开新图形时是否保留 AutoLISP 定义的函数和变量，或者这些函数和变量是否只在当前绘图任务中有效 |
| LOCALE | 显示用户运行的当前 AutoCAD 版本的国际标准化组织(ISO)语言代码 |
| LOCALROOTPREFIX | 保存完整路径至安装本地可自定义文件的根文件夹 |
| LOGFILEMODE | 指定是否将文本窗口的内容写入日志文件 |
| LOGFILENAME | 为当前图形指定日志文件的路径和名称 |
| LOGFILEPATH | 为同一任务中的所有图形指定日志文件的路径 |
| LOGINNAME | 显示加载 AutoCAD 时配置或输入的用户名，用户名最多可以包含 30 个字符 |
| LTSCALE | 设置全局线型比例因子，线型比例因子不能为零 |
| LUNITS | 设置线性单位；1 为科学，2 为小数，3 为工程，4 为建筑，5 为分数 |
| LUPREC | 设置所有只读线性单位和可编辑线性单位（其精度小于或等于当前 LUPREC 的值）的小数位位数 |
| LWDEFAULT | 设置默认线宽的值，默认线宽可以以毫米的百分之一为单位设置为任何有效线宽 |
| LWDISPLAY | 控制是否显示线宽；设置随每个选项卡保存在图形中；0 表示不显示线宽，1 表示显示线宽 |
| LWUNITS | 控制线宽单位以英寸还是毫米显示；0 表示英寸，1 表示毫米 |

续表九

| 变 量 名 | 说　　明 |
| --- | --- |
| MAXACTVP | 设置布局中一次最多可以激活多少个视口；MAXACTVP 不影响打印视口的数目 |
| MAXSORT | 设置列表命令可以排序的符号名或块名的最大数目。如果项目总数超过了本系统变量的值，将不进行排序 |
| MBUTTONPAN | 控制定点设备第三按钮或滑轮的动作响应 |
| MEASUREINIT | 设置初始图形单位(英制或公制) |
| MEASUREMENT | 仅设置当前图形的图形单位(英制或公制) |
| MENUCTL | 控制屏幕菜单中的页切换 |
| MENUECHO | 设置菜单回显和提示控制位 |
| MENUNAME | 存储菜单文件名，包括文件名路径 |
| MIRRTEXT | 控制 MIRROR 命令影响文字的方式；0 表示保持文字方向，1 表示镜像显示文字 |
| MODEMACRO | 在状态行显示字符串，诸如当前图形文件名、时间/日期戳或指定的模式 |
| MTEXTED | 设置应用程序的名称用于编辑多行文字对象 |
| MTEXTFIXED | 控制多行文字编辑器的外观 |
| MTJIGSTRING | 设置当 MTEXT 命令被使用后，在光标位置处显示样例文字的内容 |
| MYDOCUMENTSPREFIX | 保存完整路径至当前登录用户的"我的文档"文件夹中 |
| NOMUTT | 禁止显示信息，即不进行信息反馈(通常情况下并不禁止显示这些信息) |
| OBSCUREDCOLOR | 指定遮掩行的颜色 |
| OBSCUREDLTYPE | 指定遮掩行的线型 |
| OFFSETDIST | 设置默认的偏移距离 |
| OFFSETGAPTYPE | 当偏移多段线时，控制如何处理线段之间的潜在间隙 |
| OLEHIDE | 控制 AutoCAD 中 OLE 对象的显示 |
| OLEQUALITY | 控制嵌入 OLE 对象的默认质量级别 |
| OLESTARTUP | 控制打印嵌入 OLE 对象时是否加载其源应用程序，而加载 OLE 源应用程序可以提高打印质量 |
| ORTHOMODE | 限制光标在正交方向移动 |
| OSMODE | 使用位码设置"对象捕捉"的运行模式 |
| OSNAPCOORD | 控制是否从命令行输入坐标替代对象捕捉 |
| PALETTEOPAQUE | 控制窗口透明性 |
| PAPERUPDATE | 控制在 AutoCAD R14 或更早版本中创建的没有用 AutoCAD 2000 或更高版本格式保存的图形的默认打印设置 |

续表十

| 变 量 名 | 说 明 |
| --- | --- |
| PDMODE | 控制如何显示点对象 |
| PDSIZE | 设置显示的点对象大小 |
| PEDITACCEPT | 限制在使用 PEDIT 时,显示"选取的对象不是多段线"的提示 |
| PELLIPSE | 控制由 ELLIPSE 命令创建的椭圆类型 |
| PERIMETER | 存储由 AREA、DBLIST 或 LIST 命令计算的最后一个周长值 |
| PFACEVMAX | 设置每个面顶点的最大数目 |
| PICKADD | 控制后续选定对象是替换还是添加到当前选择集 |
| PICKAUTO | 控制"选择对象"提示下是否自动显示选择窗口 |
| PICKBOX | 以像素为单位设置对象选择目标的高度 |
| PICKDRAG | 控制绘制选择窗口的方式 |
| PICKFIRST | 控制在发出命令之前(先选择后执行)还是之后选择对象 |
| PICKSTYLE | 控制编组选择和关联填充选择的使用 |
| PLATFORM | 指示 AutoCAD 工作的操作系统平台 |
| PLINEGEN | 设置如何围绕二维多段线的顶点生成线型图案 |
| PLINETYPE | 指定 AutoCAD 是否使用优化的二维多段线 |
| PLINEWID | 存储多段线的默认宽度 |
| PLOTROTMODE | 控制打印方向 |
| PLQUIET | 控制显示可选对话框以及脚本和批处理打印的非致命错误 |
| POLARADDANG | 包含用户定义的极轴角 |
| POLARANG | 设置极轴角增量,值可设置为 90、45、30、22.5、18、15、10 和 5 |
| POLARDIST | 当 SNAPTYPE 系统变量设置为 1(极轴捕捉)时,设置捕捉增量 |
| POLARMODE | 控制极轴和对象捕捉追踪设置 |
| POLYSIDES | 为 POLYGON 命令设置默认边数,取值范围为 3 到 1024 |
| POPUPS | 显示当前配置的驱动程序的状态 |
| PROJECTNAME | 为当前图形指定工程名称 |
| PROJMODE | 设置修剪和延伸的当前"投影"模式 |
| PROXYGRAPHICS | 指定是否将代理对象的图像保存在图形中 |
| PROXYNOTICE | 在创建代理时显示通知;0 表示不显示代理警告,1 表示显示代理警告 |
| PROXYSHOW | 控制图形中代理对象的显示 |
| PROXYWEBSEARCH | 指定 AutoCAD 是否检查 ObjectEnabler |
| PSLTSCALE | 控制图纸空间的线型比例 |
| PSTYLEMODE | 指示当前图形处于"颜色相关打印样式"还是"命名打印样式"模式 |

续表十一

| 变　量　名 | 说　　明 |
|---|---|
| PSTYLEPOLICY | 控制对象的颜色特性是否与其打印样式相关联 |
| PSVPSCALE | 为所有新创建的视口设置视图比例因子 |
| PUCSBASE | 存储定义正交 UCS 设置(仅用于图纸空间)的原点和方向的 UCS 名称 |
| QTEXTMODE | 控制文字如何显示 |
| RASTERPREVIEW | 控制 BMP 预览图像是否随图形一起保存 |
| REFEDITNAME | 显示正进行编辑的参照名称 |
| REGENMODE | 控制图形的自动重生成 |
| REMEMBERFOLDERS | 控制标准的文件选择对话框中的"查找"或"保存"选项的默认路径 |
| REPORTERROR | 控制如果 AutoCAD 异常结束时是否可以寄出一个错误报告到 Autodesk |
| ROAMABLEROOTPREFIX | 保存完整路径至安装可移动自定义文件的根文件夹中 |
| RTDISPLAY | 控制实时 ZOOM 或 PAN 时光栅图像的显示,存储当前用于自动保存的文件名 |
| SAVEFILEPATH | 指定 AutoCAD 任务的所有自动保存文件目录的路径 |
| SAVENAME | 在保存当前图形之后存储图形的文件名和目录路径 |
| SAVETIME | 以分钟为单位设置自动保存的时间间隔 |
| SCREENBOXES | 存储绘图区域的屏幕菜单区显示的框数 |
| SCREENMODE | 存储指示 AutoCAD 显示模式的图形/文本状态的位码值 |
| SCREENSIZE | 以像素为单位存储当前视口的大小（X 和 Y 值） |
| SDI | 控制 AutoCAD 运行于单文档还是多文档界面 |
| SHADEDGE | 控制着色时边缘的着色 |
| SHADEDIF | 以漫反射光的百分比表示，设置漫反射光与环境光的比率（如果 SHADEDGE 设置为 0 或 1） |
| SHORTCUTMENU | 控制"默认"、"编辑"和"命令"模式的快捷菜单在绘图区域是否可用 |
| SHPNAME | 设置默认的形名称(必须遵循符号命名惯例) |
| SIGWARN | 控制打开带有数字签名的文件时是否发出警告 |
| SKETCHINC | 设置 SKETCH 命令使用的记录增量 |
| SKPOLY | 确定 SKETCH 命令生成直线还是多段线 |
| SNAPANG | 为当前视口设置捕捉和栅格的旋转角，旋转角相对当前 UCS 指定 |
| SNAPBASE | 相对于当前 UCS 为当前视口设置捕捉和栅格的原点 |
| SNAPISOPAIR | 控制当前视口的等轴测平面；0 为左，1 为上，2 为右 |
| SNAPMODE | 打开或关闭"捕捉"模式 |

| 变 量 名 | 说　　明 |
|---|---|
| SNAPSTYL | 设置当前视口的捕捉样式 |
| SNAPTYPE | 设置当前视口的捕捉类型 |
| SNAPUNIT | 设置当前视口的捕捉间距 |
| SOLIDCHECK | 打开或关闭当前 AutoCAD 任务中的实体校验 |
| SORTENTS | 控制 OPTIONS 命令的对象排序操作(从"用户系统配置"选项卡中执行) |
| SPLFRAME | 控制样条曲线和样条拟合多段线的显示 |
| SPLINESEGS | 设置每条样条拟合多段线（此多段线通过 PEDIT 命令的"样条曲线"选项生成）的线段数目 |
| SPLINETYPE | 设置 PEDIT 命令的"样条曲线"选项生成的曲线类型 |
| STANDARDSVIOLATION | 指定当创建或修改非标准对象时，是否通知用户当前图形中存在标准违规 |
| STARTUP | 控制当使用 NEW 和 QNEW 命令创建新图形时是否显示"创建新图形"对话框 |
| SURFTAB1 | 为 RULESURF 和 TABSURF 命令设置生成的列表数目 |
| SURFTAB2 | 为 REVSURF 和 EDGESURF 命令设置在 N 方向上的网格密度 |
| SURFTYPE | 控制 PEDIT 命令的"平滑"选项生成的拟合曲面类型 |
| SURFU | 为 PEDIT 命令的"平滑"选项设置在 M 方向的表面密度 |
| SURFV | 为 PEDIT 命令的"平滑"选项设置在 N 方向的表面密度 |
| SYSCODEPAGE | 指示由操作系统确定的系统代码页 |
| TABMODE | 控制数字化仪的使用(关于使用和配置数字化仪的详细信息，请参见 TABLET 命令) |
| TARGET | 存储当前视口中目标点的位置(以 UCS 坐标表示) |
| TDCREATE | 存储创建图形的当地时间和日期 |
| TDINDWG | 存储所有的编辑时间，即在保存当前图形之前占用的总时间 |
| TDUCREATE | 存储创建图形的通用时间和日期 |
| TDUPDATE | 存储最后一次更新/保存图形的当地时间和日期 |
| TDUSRTIMER | 存储用户消耗的时间计时器 |
| TDUUPDATE | 存储最后一次更新/保存图形的通用时间和日期 |
| TEMPPREFIX | 包含用于放置临时文件的目录名(如果有的话)，带路径分隔符 |
| TEXTEVAL | 控制处理使用 TEXT 或-TEXT 命令输入字符串的方法 |
| TEXTFILL | 控制打印和渲染时 TrueType 字体的填充方式 |
| TEXTQLTY | 设置打印和渲染时 TrueType 字体文字轮廓的镶嵌精度 |

| 变　量　名 | 说　　　明 |
| --- | --- |
| TEXTSIZE | 设置以当前文本样式绘制的新文字对象的默认高度（当前文本样式具有固定高度时此设置无效） |
| TEXTSTYLE | 设置当前文本样式的名称 |
| THICKNESS | 设置当前的三维厚度 |
| TILEMODE | 将"模型"选项卡或最后一个布局选项卡置为当前 |
| TOOLTIPS | 控制工具栏提示的显示；0 表示不显示工具栏提示，1 表示显示工具栏提示 |
| TRACEWID | 设置宽线的默认宽度 |
| TRACKPATH | 控制显示极轴和对象捕捉追踪的对齐路径 |
| TRAYICONS | 控制是否在状态栏上显示系统托盘 |
| TRAYNOTIFY | 控制是否在状态栏系统托盘上显示服务通知 |
| TRAYTIMEOUT | 控制服务通知显示的时间长短(单位为秒)，有效值范围为 0 到 10 |
| TREEDEPTH | 指定最大深度，即树状结构的空间索引可以分出分支的最大数目 |
| TREEMAX | 通过限制空间索引(八叉树)中的节点数目限制重生成图形时占用的内存 |
| TRIMMODE | 控制 AutoCAD 是否修剪倒角和圆角的选定边 |
| TSPACEFAC | 控制多行文字的行间距(按文字高度的比例因子测量)，有效值为 0.25 到 4.0 |
| TSPACETYPE | 控制多行文字中使用的行间距类型 |
| TSTACKALIGN | 控制堆叠文字的垂直对齐方式 |
| TSTACKSIZE | 控制堆叠文字分数的高度相对于选定文字的当前高度的百分比，有效值为 25 到 125 |
| UCSAXISANG | 存储使用 UCS 命令的 X、Y 或 Z 选项绕轴旋转时的默认角度值 |
| UCSBASE | 存储定义正交 UCS 设置的原点和方向的 UCS 名称。有效值可以是任何命名的 UCS |
| UCSFOLLOW | 用于从一个 UCS 转换到另一个 UCS 时生成的平面视图 |
| UCSICON | 使用位码显示当前视口的 UCS 图标 |
| UCSNAME | 存储当前空间当前视口的当前坐标系名称。如果当前 UCS 尚未命名，则返回一个空字符串 |
| UCSORG | 存储当前空间当前视口的当前坐标系原点，该值总是以世界坐标形式保存 |
| UCSORTHO | 确定恢复正交视图时是否同时自动恢复相关的正交 UCS 设置 |
| UCSVIEW | 确定当前 UCS 是否随命名视图一起保存 |
| UCSVP | 确定视口的 UCS 保持不变还是作相应改变以反映当前视口的 UCS 状态 |
| UCSXDIR | 存储当前空间当前视口中当前 UCS 的 X 方向 |
| UCSYDIR | 存储当前空间当前视口中当前 UCS 的 Y 方向 |
| UNDOCTL | 存储指示 UNDO 命令"自动"和"控制"选项状态的位码值 |

| 变 量 名 | 说　　明 |
|---|---|
| UNDOMARKS | 存储"标记"选项放置在 UNDO 控制流中的标记数目 |
| UNITMODE | 控制单位的显示格式 |
| VIEWCTR | 存储当前视口中视图的中心点，该值用 UCS 坐标表示 |
| VIEWDIR | 存储当前视口的观察方向，用 UCS 坐标表示，它将相机点描述为到目标点的三维偏移量 |
| VIEWMODE | 使用位码值存储控制当前视口的"查看"模式 |
| VIEWSIZE | 按图形单位存储当前视口的高度 |
| VIEWTWIST | 存储当前视口的视图扭转角 |
| VISRETAIN | 控制依赖外部参照的图层的可见性、颜色、线型、线宽和打印样式（如果 PSTYLEPOLICY 设置为 0） |
| VSMAX | 存储当前视口虚屏的右上角，该值用 UCS 坐标表示 |
| VSMIN | 存储当前视口虚屏的左下角，该值用 UCS 坐标表示 |
| WHIPARC | 控制圆和圆弧是否平滑显示 |
| WMFBKGND | 控制 AutoCAD 对象在其他应用程序中的背景显示是否透明 |
| WMFFOREGND | 指定 AutoCAD 对象在其他应用程序中的前景色 |
| WORLDUCS | 指示 UCS 是否与 WCS 相同；0 表示 UCS 与 WCS 不同，1 表示 UCS 与 WCS 相同 |
| WORLDVIEW | 确定响应 3DORBIT、DVIEW 和 VPOINT 命令的输入是相对于 WCS(默认)还是相对于当前 UCS |
| WRITESTAT | 指示图形文件是只读的还是可写的，开发人员需要通过 AutoLISP 确定文件的读写状态 |
| XCLIPFRAME | 控制外部参照剪裁边界的可见性；0 表示剪裁边界不可见，1 表示剪裁边界可见 |
| XEDIT | 控制当前图形被其他图形参照时是否可以在位编辑；0 表示不能在位编辑参照，1 表示可以在位编辑参照 |
| XFADECTL | 控制正被在位编辑参照的褪色度百分比，有效值为 0 到 90 |
| XLOADCTL | 打开/关闭外部参照的按需加载，并控制是打开参照图形文件还是打开参照图形文件的副本 |
| XLOADPATH | 创建一个路径用于存储按需加载的外部参照文件的临时副本 |
| XREFCTL | 控制 AutoCAD 是否写入外部参照日志(XLG)文件；0 表示不写入记录文件，1 表示写入记录文件 |
| XREFNOTIFY | 控制更新或缺少外部参照时的通知 |
| ZOOMFACTOR | 接受一个整数，有效值为 0 到 100。数字越大，鼠标滑轮每次前后移动引起改变的增量就越多 |

# 参 考 文 献

[1]　白云. 计算机辅助设计与绘图：AutoCAD 2010 实用教程与试验指导. 北京：高等教育出版社，2011.

[2]　解相吾. 通信工程设计制图. 北京：电子工业出版社，2015.

[3]　于正永. 通信工程制图与 CAD. 大连：大连理工出版社，2012.

[4]　吴远华. 通信工程制图与概预算. 北京：人民邮电出版社，2014.